普通高等教育物联网工程专业系列教材

云计算导论

彭 力 主编

西安电子科技大学出版社

内 容 简 介

云计算(Cloud Computing)是一种基于互联网的计算新方式,通过互联网上异构、自治的服务为个人和企业用户提供按需取用的计算。它被视为信息时代的下一次革命,将带来工作方式和商业模式的根本性改变。随着云计算作为国家战略重点发展的技术和产业,其未来发展前景广阔。本书详细介绍了云计算的起因、现状和未来的发展趋势,重点讲解了云计算的基本概念、体系框架、关键技术以及相应的应用,可以较好地为教学和科研工程服务。

图书在版编目(CIP)数据

云计算导论/彭力主编. —西安:西安电子科技大学出版社,2013.2(2021.5 重印)
ISBN 978 - 7 - 5606 - 2984 - 1

Ⅰ. ①云…　Ⅱ. ①彭…　Ⅲ. ①计算机网络—高等学校—教材　Ⅳ. ①TP393

中国版本图书馆 CIP 数据核字(2013)第 027968 号

策划编辑　刘玉芳
责任编辑　王　瑛
出版发行　西安电子科技大学出版社(西安市太白南路 2 号)
电　　话　(029)88202421　88201467　　邮　　编　710071
网　　址　www.xduph.com　　电子邮箱　xdupfxb001@163.com
经　　销　新华书店
印刷单位　咸阳华盛印务有限责任公司
版　　次　2013 年 2 月第 1 版　2021 年 5 月第 6 次印刷
开　　本　787 毫米×1092 毫米　1/16　印张　6.5
字　　数　141 千字
印　　数　5701~7700 册
定　　价　17.00 元
ISBN 978 - 7 - 5606 - 2984 - 1/TP

XDUP　3276001 - 6

＊＊＊如有印装问题可调换＊＊＊

普通高等教育物联网工程专业系列教材
编审专家委员会名单

彭　力　江南大学物联网系副主任　教授
谢红薇　太原理工大学计算机科学与技术学院软件工程系主任　教授
薛建彬　兰州理工大学计算机与通信学院物联网工程专业系主任　副教授
项目策划　毛红兵
策　　划　张　媛　邵汉平　刘玉芳　王　飞

前　言

现代社会是一个要求信息安全性越来越高，各种资源利用率越来越高的社会。云计算顺应了时代的发展，是未来网络发展的方向。云计算将加快未来发展的脚步，使资源得到更加充分的利用与共享。

云计算（Cloud Computing）是以资源聚合及虚拟化、应用服务和专业化、按需供给和灵便使用为特征的业务模式，可以提供高效能、低成本、低功耗的计算与数据服务，支撑各类信息化应用。云计算被认为是信息技术的一次重要革新，是新一代信息技术集约化发展的重要趋势；云计算也被认为是我国信息技术产业实现创新突破、跨越式发展的战略机遇，它不仅影响信息产业，也将影响传统产业的未来发展。因此，云计算已不仅是信息技术的学术界和产业界的热点，各级政府、各行各业都在关注云计算、规划云计算乃至直接参与云计算建设。

云计算是一个新兴的商业计算模型。云计算有可能给软件产业带来革命，应用和许可被随时购买和生效，应用在网络上运行。这种转变将数据中心放在网络的核心位置，而所有的应用所需要的计算能力、存储和带宽都由数据中心提供。云计算不仅影响商业模式，还影响开发、部署、运行、交付应用的方式。简而言之，有了云计算之后，用户不再需要部署计算能力很强的客户端，而是可以直接从"云"里（服务器端）获得计算能力，并按照使用情况付费。这种特性经常被比喻为像水、电一样按需购买和使用硬件资源。

云计算涵盖了信息技术的很多方面，如从底层芯片到上层软件，从 IT 基础设施到用户应用，从技术和产品到服务模式。对于云计算的理解也是众说纷纭，仅靠一两本教材，要把云计算的方方面面都讲清楚，显然是不太现实的。作为基础导论，作者希望能够更多地从技术方面介绍国内学术界、产业界取得的一些进展，并且能够尽量覆盖不同的技术方向，给读者一个较为全面的介绍。

云计算能够更好地扩充人类自身的能力并极大地提高工作效率。但是，云计算是如何实现这种功能的，在我们的生产生活中究竟起到了哪些作用？其前景又将如何呢？本书主要介绍云计算的基础知识、关键技术及其在工业、生活中的应用，以此让读者对该技术模式或服务有一个更深刻的认识。全书共 10 章：第 1 章绪论可帮助读者初步了解云计算的产生背景、特征、发展现状和面临的挑战；第 2～6 章介绍云计算技术的基础理论，包括云计算的服务类型、体系架构、云存储技术、安全和标准化问题，云计算平台及关键技术，云计算安全问题，虚拟化与云计算，云计算数据库的研究；第 7～9 章通过面向各种应用服务介绍云计算服务器、云计算操作系统以及云制造等实例；第 10 章是在前面介绍的基础上提出云计算面对的一些瓶颈和困难以及可能的应对方法，供读者思考。

　　本书由江南大学物联网工程学院的彭力教授主编。江南大学的徐华博士、吴治海博士、闻继伟博士、李稳高级工程师、冯伟工程师和研究生张亚婷、肖秋云以及苏州大学文正学院的彭岩等参与了本书的编写工作。在此向他们表示感谢，同时感谢国家自然科学基金（60973095）、物联网应用技术教育部工程研究中心和江南感知能源研究院的资助。

　　由于编者水平所限，书中难免存在不足之处，恳请广大读者批评指正。

彭　力

2012 年 7 月

于无锡

目　　录

第 1 章 绪 论

互联网的高速发展孕育了云计算。云计算模式的出现使用户能享受高性能的计算资源、软件资源、硬件资源和服务资源。自从云计算的概念被提出来以后，立刻引起了业内各方极大的关注，现在云计算已成为信息领域的研究热点之一。虽然 IT 业界对云计算趋之若鹜，却鲜有人能给出云计算的真正含义。多数人都不清楚到底什么是云计算。人们最常见的感受就如同"雾里看花"，看不清云（Cloud）到底是什么样子，也不知道云计算能做什么。

1.1 云计算的产生背景

随着人类社会的进步，越来越多的资源以基础设施的形式被提供给人们使用，如水、电、煤气，用户只需要有一个简单的接口，就可以在任意时间根据自己需要的频度来使用这些基础设施，并按照资源的使用情况付费。如今，计算资源在人们的日常生活中逐渐变得重要，于是如何以更好的方式给公众提供计算资源受到了很多研究人员和实施者的关注。

在经济高速发展的现代，我们每天需要处理的数据正以几何倍数的速度快速增长，而目前 PC 依然是我们日常工作、生活中信息处理的核心工具。我们每个人拥有自己的软件、硬件，可以本地保存数据，而互联网只是让我们能更方便地获取信息和相互交流。这样，无论是单位还是个人，都不得不面对着海量数据的背后对软、硬件配置不断部署、维护、升级的需求。这种需求越来越大，而且越来越难以承受。现实需要一种以较低成本投入就能获得方便、高效的公共计算资源。

随着高速网络的发展，互联网已连接全球各地，网络带宽极大提高，可以传递大容量数据。芯片和磁盘驱动器产品在功能增强的同时，价格也变得日益低廉，拥有成百上千台计算机的数据中心具备了快速为大量用户处理复杂问题的能力。互联网上一些大型数据中心的计算和存储能力出现冗余，特别是一些大型的互联网公司具备了出租计算资源的条件。技术上，并行计算、分布式计算，特别是网格计算的日益成熟和应用，提供了很多利用大规模计算资源的方式。基于互联网服务存取技术的逐渐成熟，各种计算、存储、软件、应用都可以以服务的形式提供给客户。所有这些技术为产生更强大的公共计算能力和服务提供了可能。

计算能力和资源利用效率的迫切需求、资源的集中化和各项技术的进步，推动云计算（Cloud Computing）应运而生。

1.2　初识云计算

1.2.1　云计算的定义

云计算是一种 IT 世界基础设施的变迁,但是如何准确地定义它呢? 事实上,很难用一句话说清楚到底什么才是真正的云计算。2009 年 1 月 24 日,Jeremy Geelan 在云计算杂志上发表了一篇题为"21 位专家定义云计算"的文章,其结果是 21 位专家给出了 21 种定义。到底什么是云计算?

维基百科对云计算的解释是:云计算是一种互联网上的资源利用新方式,可为大众用户依托互联网上异构、自治的服务进行按需即取的计算。由于资源是在互联网上,而在计算机流程图中,互联网常以一个云状图案来表示,因此可以形象地类比为云计算,"云"同时也是对底层基础设施的一种抽象概念。

伯克利大学的学者将云计算定义为:云计算包含互联网上的应用服务及在数据中心提供这些服务的软、硬件设施。互联网上的应用服务一直被称做软件即服务(Software as a Service,SaaS),所以我们使用这个术语。而数据中心的软、硬件设施就是我们所谓的"云"。

江南计算技术研究所的司品超等则认为:云计算是一种新兴的共享基础架构的方法。它统一管理大量的物理资源,并将这些资源虚拟化,形成一个巨大的虚拟化资源池。云是一类并行和分布式的系统,这些系统由一系列互连的虚拟计算机组成。这些虚拟计算机是基于服务级别协议(供应者和消费者之间协商确定)被动态部署的,并且作为一个或多个统一的计算资源存在。与传统单机、网络应用模式相比,云计算具有虚拟化技术、动态可扩展、按需部署、高灵活性、高可靠性、高性价比等六大特点。

看了这几个定义后,我们对云计算有了大概的了解。其实云计算到底是什么,还取决于人们所关注的兴趣点。不同的人群看待云计算会有不同的视图和理解。我们可以把人群分为云计算服务的使用者、云计算系统规划设计开发者和云计算服务的提供者三类。

如果从云计算服务的使用者角度来看,云计算可以用图来形象地表达。如图 1-1 所示,云非常简单,一切的一切都在云里边,它可以为使用者提供云计算、云存储以及各类应用服务。作为云计算的使用者,不需要关心云里面到底是什么、云里的 CPU 是什么型号的、硬盘的容量是多少、服务器在哪里、计算机是怎么连接的、应用软件是谁开发的等问题,而需要关心的是随时随地可以接入、有无限的存储可供使用、有无限的计算能力为其提供安全可靠的服务和按实际使用情况计量付费。云计算最典型的应用就是基于 Internet 的各类业务。云计算的成功案例包括:Google 的搜索、在线文档 Google-Docs、基于 Web 的电子邮件系统 Gmail;微软的 MSN、Hotmail 和必应(Bing)搜索;Amazon 的弹性计算云(EC2)和简单存储服务(S3)业务等。

简单来说,云计算是以应用为目的,通过互联网将大量必需的软、硬件按照一定的形式连接起来,并且随着需求的变化而灵活调整的一种低消耗、高效率的虚拟资源服务的集合形式。而对于云计算来说,它更应该属于一种社会学的技术范围。相比于物联网的对原有技术进行升级的特点,云计算则更有"创造"的意味。它借助不同物体间的相关性,把不同的事物进行有效的联系，从而创造出一个新的功能。

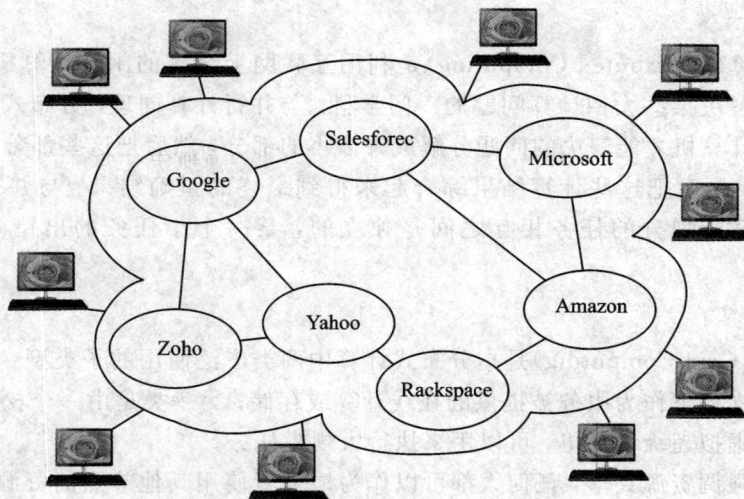

图 1-1 云计算概念结构

1.2.2 云计算的特征

1. 有关概念

云计算是效用计算（Utility Computing）、并行计算（Parallel Computing）、分布式计算（Distributed Computing）、网格计算（Grid Computing）、网络存储（Network Storage）、虚拟化（Virtualization）、负载均衡（Load Balance）等传统计算机和网络技术发展融合的产物。云计算的基本原理是令计算分布在大量的分布式计算机上，而非本地计算机或远程服务器中，从而使得企业数据中心的运行与互联网相似。

云计算常与效用计算、并行计算、分布式计算、网格计算、自主计算相混淆。这里有必要介绍一下这些计算的特点。

1) 效用计算

效用计算（Utility Computing）是一种提供计算资源的商业模式，用户从计算资源供应商处获取和使用计算资源，并基于实际使用的资源付费。效用计算主要给用户带来经济效益，是一种分发应用所需资源的计费模式。相对效用计算而言，云计算是一种计算模式，它代表了在某种程度上共享资源进行设计、开发、部署、运行应用，以及资源的可扩展收缩和对应用连续性的支持。

2) 并行计算

并行计算（Parallel Computing）是指同时使用多种计算资源解决计算问题的过程。并行计算是为了更快速地解决问题、更充分地利用计算资源而出现的一种计算方法。

并行计算将一个科学计算问题分解为多个小的计算任务，并将这些小的计算任务在并行计算机中执行，利用并行处理的方式达到快速解决复杂计算问题的目的，它实际上是一种高性能计算。

并行计算的缺点是：将被解决的问题划分出来的模块是相互关联的，如果其中一块出错，必定影响其他模块，再重新计算会降低运算效率。

3）分布式计算

分布式计算（Distributed Computing）是利用互联网上众多的闲置计算机的计算能力，将其联合起来解决某些大型计算问题的一门学科。与并行计算同理，分布式计算也是把一个需要巨大的计算机才能解决的问题分解成许多小的部分，然后把这些部分分配给多个计算机进行处理，最后把这些计算结果综合起来得到最终的正确结果。与并行计算不同的是，分布式计算所划分的任务相互之间是独立的，某一个小任务的出错不会影响其他任务。

4）网格计算

网格计算（Grid Computing）是指分布式计算中两类广泛使用的子类型：一类是在分布式的计算资源支持下作为服务被提供的在线计算或存储；另一类是由一个松散连接的计算机网络构成的虚拟超级计算机，可以用来执行大规模任务。

网格计算强调资源共享，任何人都可以作为请求者使用其他节点的资源，同时需要贡献一定资源给其他节点。网格计算强调将工作量转移到远程的可用计算资源上；云计算强调专有，任何人都可以获取自己的专有资源，并且这些资源是由少数团体提供的，使用者不需要贡献自己的资源。在云计算中，计算资源的形式被转换，以适应工作负载，它支持网格类型应用，也支持非网格环境，比如运行传统或 Web 2.0 应用的三层网络架构。网格计算侧重并行的计算集中性需求，并且难以自动扩展；云计算侧重事务性应用，大量的单独的请求，可以实现自动或半自动扩展。

5）自主计算

自主计算（Self Computing）是具有自我管理功能的计算机系统。自主计算是由美国 IBM 公司于 2001 年 10 月提出的。IBM 将自主计算定义为"能够保证电子商务基础结构服务水平的自我管理（Self Managing）技术"。其最终目的在于使信息系统能够自动地对自身进行管理，并维持其可靠性。

自主计算的核心是自我监控、自我配置、自我优化和自我恢复。自我监控，即系统能够知道系统内部每个元素当前的状态、容量以及它所连接的设备等信息；自我配置，即系统配置能够自动完成，并能根据需要自动调整；自我优化，即系统能够自动调度资源，以达到系统运行的目标；自我恢复，即系统能够自动从常规和意外的灾难中恢复。

事实上，许多云计算部署依赖于计算机集群（但与网格计算的组成、体系结构、目的、工作方式大相径庭），也吸收了自主计算和效用计算的特点。它旨在通过网络把多个成本相对较低的计算实体整合成一个具有强大计算能力的完美系统，并借助一些先进的商业模式把这个强大的计算能力分布到终端用户手中。

2. 云计算的特征

云计算的一个核心理念就是通过不断提高"云"的处理能力，进而减少用户终端的处理负担，最终使用户终端简化成一个单纯的输入/输出设备，并能按需享受"云"强大的计算处理能力。云计算的中心思想是将大量用网络连接的计算资源统一管理和调度，构成一个计算资源池，向用户提供按需服务。云计算的特征主要表现在以下几个方面：

（1）超大规模。"云"具有相当的规模，Google 云计算已经拥有 100 多万台服务器，

Amazon、IBM、Microsoft、Yahoo 等的"云"均拥有几十万台服务器。"云"能赋予用户前所未有的计算能力。云业务的需求和使用与具体的物理资源无关,IT 应用和业务运行在虚拟平台之上。云计算支持用户在任何有互联网的地方,使用任何上网终端获取应用服务。用户所请求的资源来自于规模巨大的云平台。

(2) 高可扩展性。"云"的规模超大,可以动态伸缩,满足应用和用户规模增长的需要。

(3) 虚拟化。云计算是一个虚拟的资源池,用户所请求的资源来自"云",而不是固定的有形的实体。用户只需要一台笔记本或者一部手机,就可以通过网络服务来实现自己需要的一切,甚至包括超级计算这样的任务。

(4) 高可靠性。用户无需担心个人计算机的崩溃导致的数据丢失,因为其所有的数据都保存在云里。

(5) 通用性。云计算没有特定的应用,同一个"云"可以同时支撑不同的应用运行。

(6) 廉价性。由于"云"的特殊容错措施,可以采用极其廉价的节点来构成云。云计算将数据送到互联网的超级计算机集群中处理,个人只需支付低廉的服务费用,就可完成数据的计算和处理。企业无需负担日益高昂的数据中心管理费用,从而大大降低了成本。

(7) 灵活定制。用户可以根据自己的需要定制相应的服务、应用及资源,根据用户的需求,"云"来提供相应的服务。

1.2.3 云计算的优缺点

1. 云计算的优点

云计算具有一些新特征,其优点突出表现在以下几个方面:

(1) 降低用户计算机的成本。用户不需要购买非常高端的计算机来运行云计算的 Web 应用程序,因为这些应用程序在云上面(而不是在本地)运行,所以桌面 PC 不需要传统桌面软件所要求的处理能力和存储空间。

(2) 改善性能。因为大部分的软件都在云上运行,所以用户的计算机可以节省更多的资源,从而获得更好的性能。此外,由于"云"中的服务只需支持单一环境,因此运行更快。

(3) 降低 IT 基础设施投资。大型组织的 IT 部门可通过向云迁移来降低成本。通过利用云的计算和存储能力替代内部的计算资源,企业可以减少 IT 的初期投资。那些需要处理高峰负载的企业,也不再需要购买设备来应付负载峰值(在平时闲置),这种需求可以通过云计算轻松处理。

(4) 减少维护问题。云计算能够为各种规模的组织显著地降低硬件和软件的维护成本。硬件都由云计算提供者管理,所以组织基本上不用再进行硬件维护。系统软件等也是同样的情况。

(5) 减少软件开支。由于各种成本的降低,一般基于云计算的服务收费比传统的软件要低,而且许多公司(例如 Google)都免费提供其 Web 应用程序。

(6) 即时的软件更新。另一个跟软件相关的优势是用户不用再面对陈旧的软件和高昂的升级费用。基于 Web 的应用程序都能自动更新,用户每次使用程序时,得到的都是最新的版本。

(7) 计算能力的增长。当用户与云计算系统连接之后,可以支配整个云的计算能力。

(8) 无限的存储能力。云可以提供事实上近乎无限的存储能力。

（9）增强的数据安全性。在桌面计算机上，硬盘崩溃可能损坏所有有用的数据，但是云里面一台计算机的崩溃不会影响到存储的数据，这是因为云会自动备份存储的数据。

（10）改善操作系统的兼容性。不同操作系统之间的数据共享是非常麻烦的，但是对于云计算，重要的是数据，而不是操作系统，用户可以将 Windows 连接到云其他不同的操作系统，共享文档和数据。

（11）改善文档格式的兼容性。由 Web 应用程序创建的文档可以被其他任何使用该应用程序的用户读取，当所有人都使用云进行文档和应用的共享时，不会存在格式的兼容性问题。

（12）简化团队协作。通过共享文档可以进行文档合作，对许多用户来说，这是云计算最重要的优点之一——允许许多用户非常容易地进行文档和项目的合作。简单的团队合作意味着可以加快大多数团体项目的进度，同时也让分布在不同地理位置的团队合作变为可能。

（13）没有地点限制的数据获取。通过云计算，用户不需要将文档随身携带，所有的数据都在云中，只需要一台计算机和网络连接就可以获取所需数据。

2. 云计算的缺点

云计算在体现出其独特的优点的同时，也存在一些缺点，主要表现在以下六个方面：

（1）要求持续的网络连接。因为用户需要通过互联网来连接应用程序和文档，假如没有网络连接，用户将什么都不能做。现在有些 Web 应用程序在没有网络连接的时候也可以在桌面上运行，例如 Google Gears，这项技术可以将 Google 的 Web 应用程序如 Gmail 变成本地运行的程序。

（2）低带宽网络连接环境下不能很好地工作。Web 应用程序都需要大量的带宽进行下载，例如 Gmail 包含大量的 JavaScript 脚本，在低带宽网络连接环境下页面装载很困难，更别说利用其丰富的特性。换句话说，云计算不是为低带宽网络准备的。

（3）反应慢。即使有相当快的网络，Web 应用程序也可能比桌面应用程序反应要慢得多，因为从界面到数据都需要在客户端和服务器进行不断的传递。

（4）功能有限制。虽然这个问题在将来必然会改善，但是现在许多 Web 应用程序和其对应的桌面应用程序相比，功能缩水很多。以 Google 文档和 Microsoft Office 为例，它们的基本功能差别不大，但是 Google 文档缺乏许多 Microsoft Office 的高级特性。

（5）无法确保数据的安全性。如果把数据都保存在云计算中，由于云的公共获得性，无法确保机密数据不会被其他用户窃取。

（6）不能保证数据不会丢失。理论上，保存在云中的数据是冗余的，不会存在丢失的问题，然而现在大部分云计算提供者都没有服务水平协议（SLA）。也就是说，如果用户的数据不见了，云计算提供者并不负责。

1.3 云计算的发展现状及云计算带来的变革

1. 云计算的发展现状

目前，云计算革命正处于初级阶段。全球各大 IT 巨头都注巨资围绕云计算展开激烈角逐。Google 在云计算方面已经走在众多 IT 公司的前面，其对外公布的云计算技术主要有 Map Reduce、GFS(Google File System，Google 文件系统)及 Big Table。从 2007 年开始，微软公司也在美国、爱尔兰、冰岛等地投资数十亿美元建设其用于"云计算"的"服务器农场"，每个"农场"占地都超过 7 个足球场，集成数十万台计算机服务器。IBM 的蓝云计算平台为企业客户搭建分布式、可通过互联网访问的云计算体系，是一个企业级的解决方案。它整合了 IBM 自身的 Tivoli、VMware 的虚拟化软件以及 Hadoop 开源分布式文件系统，由数据中心、管理软件、监控软件、应用服务器、数据库以及一些虚拟化的组件共同组成。亚马逊的云名为亚马逊网络服务，目前主要由 4 块核心服务组成：简单存储服务、弹性计算云服务、简单排列服务以及尚处于测试阶段的服务。其中，弹性计算云(EC2)服务用来为应用开发人员提供以云为基础的可调整的计算能力。其他如雅虎、Sun 和思科等公司，围绕"云计算"也都有重大举措。

我国的科研机构和企业也紧跟时代发展的步伐，在云计算的研究和探索方面展开了卓有成效的工作。中国移动通信研究院正在进行一项名为"Big Cloud"的研究项目——基于开源技术建造的实验性云计算平台。联想集团正在研究如何为服务器提供云计算所需的动态配置能力；在笔记本电脑等终端方面，联想集团也正在和第三方合作，针对具体应用进行优化。

为便于研究、探索云计算问题，中国电子学会在 2008 年专门成立了中国电子学会"云计算专家委员会"。在工业和信息化部、教育部、中国科协及相关部委的指导下，中国电子学会于 2009 年 5 月 22 日在北京举办了首届中国云计算大会。大会就云计算的概念、实质内涵及发展趋势，云计算对产业、教育和社会发展的影响，进行了深入研究和探讨，并交流了国内外云计算的最新研究成果。2009 年，阿里巴巴集团在南京开始建立国内首个"电子商务云计算中心"。

2. 云计算带来的变革

科技创新正不断地改变我们的世界。云计算是一种革新，而这一革新将会给我们身边的一切带来巨大变革。

1) 改变信息处理及储存理念

目前，大部分人仍然在使用 PC 处理文档、存储资料，通过电子邮件或者移动存储介质与他人分享信息。一旦 PC 硬盘或者移动存储介质坏了，他们就会因为资料丢失而束手无策。而在"云计算"时代，"云"会替我们做储存和处理工作。届时，我们只需要能连接上网的终端设备，不需要关心储存或计算发生在哪朵"云"上，一旦有需要，我们就可以在任何地点用任何设备，快速地计算并找到这些资料，再也不用担心资料丢失的问题。

2) 改变 IT 产业发展

微软(中国)有限公司董事长张亚勤认为，在未来十年中，云计算带来的产业变化主要体现在以下五个方面：

(1) 信息产业从 PC 时代走向互联网时代，而产业也将从 PC 时代的以应用为中心走向以数据为中心。

(2) PC 的定义将发生很大的改变。

(3) 计算的架构从过去集中于 PC 或服务器的某一"端"走向"云"+"端"。

(4) 软件企业的业务模式从软件走向"软件"+"服务"。

（5）市场的基础将会更大，服务更多用户。

3）云计算解放终端设备

在 2009 年北京科技博览会上，联想集团副总裁兼联想研究院院长韦卫表示，"随着云计算产品、市场和业务模式的逐渐成熟，个人电脑将赋予诸多创新应用。在未来 3～5 年，面向企业的云计算终端和个人手持电脑将占主导地位。"具有神秘魅力的云计算再次夺人眼帘。

云计算时代主要的计算及存储都在云中完成，从而解放了用户的终端设备。比尔·盖茨在 1989 年谈论"计算机科学的过去、现在与未来"时说："用户只需要 640 KB 的内存就足够了。"这在目前看来简直不可能，但是，云计算的出现使这样的愿望成为可能。

基于云计算平台，用户可将一个实时动态的全社会数据库与应用完美结合，无需再安装任何应用软件。这时云端扮演了动态变化的智能知识库和服务提供商的角色。它不但节省了用户终端资源，而且免去了维护的环节。有了"云"，用户可通过网络连接到对应的服务器直接调用软件，这将有效降低终端设备使用成本，同时还可避免安装和随时更新的麻烦。

通过云计算平台，用户可以把互联网实时出现的信息利用起来。未来的终端设备使终端需求与服务器之间做一个结合，省去了安装插件等中间环节，为用户享受云计算服务带来了美好体验。

1.4　云计算与物联网的关系

在很多时候，云计算与物联网这两个名词是同时出现的，大家在直觉上认为这两个技术是有关系的，但总是没有很清楚的认识。有的地方一提到物联网就想到传感器的制造和物联信息系统。其实云计算和物联网两者之间本没有什么特殊的关系，物联网只是今后云计算平台的一个普通应用，物联网和云计算之间是应用与平台的关系。物联网的发展依赖于云计算系统的完善，从而为海量物联信息的处理和整合提供可能的平台条件，云计算的集中数据处理和管理能力将有效地解决海量物联信息的存储和处理问题。没有云计算平台支持的物联网，其实价值并不大，因为小范围传感器信息的处理和数据整合是很早就有的技术，如工控领域的大量系统都是这样的模式，没有被广泛整合的传感器系统是不能被准确地称为物联网的。所以云计算技术对物联网技术的发展有着决定性的作用，没有统一数据管理的物联网系统将丧失其真正的优势。物物相连的范围是十分广阔的，可能是高速运动的列车、汽车甚至是飞机，也可能是家中静止的电视、空调、茶杯，任何小范围的物物相连都不能被称为真正的物联网。

对于云计算平台来说，物联网并不是特殊的应用，只是其所支持的所有应用中的一种而已。云计算平台对待物联网系统与对待其他应用是完全一样的，并没有任何区别，因为云计算并不关心应用是什么。

但是，随着全球物联网的发展，云计算被赋予了更广的定义：从连接计算资源到连接所有的人和机器，计算能力将进一步增强，走向更高层次的规模化和智能化。

1.5　云计算提供给中国的机会

云计算这一新的技术概念非常重要，它是一个技术思想的转变，这一转变为中国信息产业的发展提供了机会，具体分析如下：

（1）云计算技术将大量的数据和计算集中到云计算中心完成，数据的集中使国家对信息安全提出更高的要求。传统的计算模式信息主要分布在各自的服务器上，即使一些企业级的数据集中在数据中心，也仅是在数据中心托管服务器，并不是真正的数据集中，这样对信息安全的维护主要是各企业自己保证，而在云计算技术模式下，大量企业单位、事业单位、个人的数据被统一管理在云计算中心，云计算中心的数据安全将成为重大的问题，从而使信息主权这一概念变成了实际需要面对的重要问题。可以说，掌握了云计算中心就掌握了一个国家大部分的信息资源。很难想象国家会将云计算中心的建设和管理全面交给国外企业，因此国外企业在云计算时代的中国信息产业领域将面临重大的政策挑战，很难进入云计算的核心领域，这为中国的国内企业提供了重要的政策性机会，今后云计算这一巨大的"市场蛋糕"最有可能是在国家相关部门的统一指导、管理下发展。

（2）云计算在技术体系上强调大量节点整合的总体能力，而不再过分强调单个节点的计算能力，这与目前世界上主要企业的理念是相反的，他们更希望用户不断升级，并在这个过程中不断筑高自己的技术壁垒，使落后国家一直处在艰难轮回过程中。云计算的这一理念为国内相对落后的芯片制造商提供了发展的机会，争取到了发展的时间，解决了长期以来市场被国外企业大量挤占的问题，从而进入良性发展。

（3）云计算核心软件的复杂度在只完成自己存储和计算任务时将变得相对简单，大量面向应用的开发将交给应用服务提供商完成，这样有望短时间内使云计算核心层技术走到前列。成都静水飞云科技有限公司自主研发的"盘古云计算核心系统"PGC Cloud 专注实现云资源整合、云资源的通用输出、云资源动态调度、云资源弹性扩展。

（4）云计算只关注计算和存储，而将面向终端用户的所有工作交给应用服务提供商，如功能、界面、流程都应该是应用的工作，甚至某个数据的存储和计算是否采用云计算模式都应该进行选择和决定，云计算应该真正地退到云中去。中国有大量的软件开发企业，他们的智慧和创造力的充分发挥将带来信息产业的大繁荣，云计算系统不应该让他们感受到限制和控制，而应让他们有更多的发展空间和资源。SaaS（软件即服务）的逐渐消退就是因为过去 SaaS 企业既要购买基础设施，还要开发应用、拓展市场，弄得疲惫不堪。云计算自身工作任务的明确将和谐地整合我国的信息产业链。

（5）由于云计算对硬件要求的降低和对核心系统的简化使中国本来相对落后的信息产业具备了和国际大企业竞争的能力，云计算可以帮助中国获得发展的时间和空间。

（6）中国率先提出并正在实施的物联网项目有望成为云计算的一个重要产业应用，这两项技术将形成相互促进的良好局面。物联网是一个巨大的产业应用，其影响不只是在信息产业，它将对生活产生深远的影响。这两项技术都是国家目前全力支持的技术，特别是物联网技术的发展被写入政府工作报告更表明了中国政府的决心和远见。

1.6　云计算的发展面临的挑战

网络已深刻地改变了我们的工作、学习和生活，随着云计算的普及，网络的角色将发生巨大的转变，效能将提升到前所未有的高度。从云计算的发展现状来看，未来云计算的发展会向构建大规模的、能够与应用程序密切结合的底层基础设施的方向发展。尽管云计算会给企业和个人带来极大的好处，但它未来发展所面临的挑战也是不容忽视的。

1. 高可靠的网络系统技术

支撑云计算的是大规模的服务器集群系统，当系统规模增大后，可靠性和稳定性就成了最大的挑战之一。大量服务器进行同一个计算时，单节点故障不应该影响计算的正常运行，同时为了保证云计算的服务高质量地传给需要的用户，网络中必须具备高性能的通信设施。

2. 数据安全技术

数据的安全包括两个方面：一是保证数据不会丢失；二是保证数据不会被泄露和非法访问。对用户而言，数据安全性依旧是最重要的顾虑，将原先保存在本地、为自己所掌控的数据交给看不到、摸不着的云计算服务中心，这样一个改变并不容易。从技术角度说，云计算的安全跟其他信息系统的安全实际上没有大的差别，更多的是法规、诚信、习惯、观念等非技术因素。

3. 可扩展的并行计算技术

并行计算技术是云计算的核心技术，多核处理器的出现使得并行程序的开发比以往更难。可扩展性要求能随着用户请求、系统规模的增大而有效地扩展。目前大部分并行应用在超过 1000 个处理器时都难以获得有效的加速性能，未来的许多并行应用必须能有效扩展到成千上万个处理器上。

4. 海量数据的挖掘技术

如何从海量数据中获取有用的信息，将是决定云计算应用成败的关键。除了利用并行计算技术加速数据处理的速度外，还需要新的思路、方法和算法。海量数据的存储和管理也是一个巨大的挑战。

5. 网络协议与标准问题

当一个云系统需要访问另一个云系统的计算资源时，必须要对云计算的接口制定交互协议，这样才能使得不同的云计算服务提供者相互合作，以便提供更好、更强大的服务。云计算要想更好地发展，就必须制定出一个统一的云计算公共标准，这可以为某个公司的云计算应用程序迁移到另一家公司的云计算平台上提供可能。

6. 推广问题

当进入云计算时代时，硬件厂商和操作系统企业将如何生存？云计算自身的系统稳定性如何？这些问题都会让人们心生疑虑，从而推迟对云的接受速度。

1.7　小　结

互联网的高速发展孕育了云计算，云计算的出现使用户能享受高性能的计算资源、软件资源、硬件资源和服务资源。云计算的概念自提出以来，立刻引起了业内各方极大地关注，现在已经成为信息领域研究的热点之一。本章简单介绍了云计算的产生背景、定义、特征、发展现状等，以使读者对云计算有初步的认识。

习 题 1

1-1 简述云计算的产生背景。

1-2 简述云计算的概念、特征及其优缺点。

1-3 总结目前云计算国内外发展的现状和未来发展趋势。

1-4 简述云计算和物联网之间的关系。

第2章　云　计　算

2.1　云计算的分类

1. 按服务类型分类

按服务类型（为用户提供什么样的服务，通过这样的服务，用户可以获得什么样的资源）的不同，云计算可分为基础设施云（Infrastructure Cloud）、平台云（Platform Cloud）和应用云（Application Cloud）三种。

（1）基础设施云：为用户提供的是底层的、接近于直接操作硬件资源的服务接口，通过调用这些接口，用户可以直接获得计算和存储能力，而且非常自由、灵活，几乎不受逻辑上的限制。但是，用户需要进行大量的工作来设计和实现自己的应用，因为基础设施云除了为用户提供计算和存储等基础功能外，不进一步做任何应用类型的假设。

（2）平台云：为用户提供一个托管平台，用户可以将他们所开发和运营的应用托管到云平台中。但是，这个应用的开发部署必须遵守该平台特定的规则和限制，如语言、编程框架、数据存储模型等。

（3）应用云：为用户提供可以为其直接所用的应用，这些应用一般是基于浏览器的，针对某一项特定的功能。但是，它们也是灵活性最低的，因为一种应用云只针对一种特定的功能，无法提供其他功能的应用。

2. 按部署范围分类

按部署范围的不同，云计算可以分为公有云（Public Cloud）、私有云（Private Cloud）和混合云（Hybrid Cloud）三种。

（1）公有云：通过互联网为客户提供服务的云，即所有的基础设施均由云服务提供商负责，用户只需能够接入网络的终端即可。对使用者而言，其所应用的程序、服务及相关数据都存放在公有云的提供者处，自己只需要通过配置公有云中的虚拟化私有资源，即可获得相应的服务，无需做相应的投资和建设。

在公有云模式下，由于应用和数据不存储在用户自己的数据中心，导致其安全性和可用性存在一定隐患。

（2）私有云：指企业使用自有基础设施构建的云，它提供的服务仅供自己内部人员或分支机构使用。私有云的部署比较适合于有众多分支机构的大型企业或政府部门。大型企业数据中心的集中化趋势日益明显，私有云将会成为企业部署 IT 系统的主流模式。

私有云部署在企业自身内部，其数据安全性、系统可用性都可由企业自己控制，但其缺点是建设投资规模较大，成本较高，同时需要有相应的维护人员。

（3）混合云：指部分使用公有云，部分使用私有云所构成的云，它所提供的服务可以供别人使用。混合云可以结合公有云和私有云的优势，但其部署方式对服务提供者的技术要求较高。

2.2　云计算的实质

从字面上看，云计算与并行计算、分布式计算、网格计算有些类似，确实，云计算中融合了这些计算方法的技术。但是，实质上云计算并不是一种计算方法，与并行计算、分布式计算、网格计算描述的不是同一范畴的问题。并行计算、分布式计算和网格计算都属于计算科学；而云计算是一种计算模式和商业模式，不是一项纯计算技术。

与并行计算、分布式计算和网格计算相比，云计算则更多地是一种 IT 资源的供应、购买/租借、使用的商业模式。在云计算中，用户和云供应商有着明显的界线，用户无需贡献自己的资源来参与云计算。云供应商对云的实现也不是广域全分布式结构的，多数是以数据中心内服务器集群的方式构建，因而效率更高、更稳定、更可靠。云计算的目标是使计算与存储等 IT 资源能够像传统公共设施（如水和电）一样被提供、使用和收费，使企业和个人不需要一次性地投入巨资就可以拥有 IT 资源，最大限度地降低资源的管理成本，并提高资源使用的灵活性。

云计算利用高速互联网的传输能力，将数据的处理过程从个人计算机或服务器移到互联网上的计算机集群中。这些计算机都是普通的工业标准服务器，由一个大型的数据处理中心管理。数据中心按客户的需要即时进行资源的聚合、重组和分配，达到与超级计算机同样的效果。

2.3　云计算和其他超级计算的区别

2.3.1　云计算与网格计算的区别

Ian Foster 将网格定义为：支持在动态变化的分布式虚拟组织（Virtual Organizations）间共享资源，协同解决问题的系统。所谓虚拟组织，就是一些个人、组织或资源的动态组合。

云计算是一种生产者—消费者模型，云计算系统采用以太网等快速网络将若干集群连接在一起，用户通过因特网获取云计算系统提供的各种数据处理服务。网格系统是一种资源共享模型，资源提供者亦可以成为资源消费者。网格侧重研究的是如何将分散的资源组合成动态虚拟组织。

云计算和网格计算的一个重要区别在于资源调度模式。云计算采用集群来存储和管理数据资源，运行的任务以数据为中心，即调度计算任务到数据存储节点运行。而网格计算则以计算为中心，计算资源和存储资源分布在因特网的各个角落，不强调任务所需的计算和存储资源同处一地。由于网络带宽的限制，网格计算中的数据传输时间占总运行时间的很大一部分。网格将数据和计算资源虚拟化，而云计算则进一步将硬件资源虚拟化，并灵活运用虚拟机技术，对失败任务重新执行，而不必重启任务。同时，网格内各节点采用统一的操作系统，而云计算放宽了条件，在各种操作系统的虚拟机上提供各种服务。和网格的复杂管理方式不同，云计算提供一种简单、易用的管理环境。另外，网格和云在付费方式上有着显著的不同。网格按照固定的资费标准收费或者若干组织之间共享空闲资源，而云则采用计时付费以及服务等级协议的模式收费。

2.3.2　云计算系统与传统超级计算机的区别

超级计算机拥有强大的处理能力，特别是计算能力。美国时间 2012 年 11 月 10～16 日，著名的全球超级计算大会(Supercomputing Conference，以下简称 SC12)在美国盐湖城举行。该会议迄今有 24 年历史，聚集了来自世界各地的科研机构、大学、厂商等，同时也是全球各顶尖 IT 厂商展示新产品、新技术的竞技场。在本次大会上，发布了最新的 Top500 榜单，来自美国能源部橡树岭国家实验室的"泰坦 Titan"获得了第一名的殊荣。

2.4　云计算的服务类型

云计算从一开始就以实现 XaaS(everything as a service)为首要任务。从体系结构上看，云计算的底层由硬件组成，在此基础上分别是 IaaS(Infrastructure as a Service)、PaaS(Platform as a Service)和 SaaS(Software as a Service)，如图 2－1 所示。这三层不仅包含了实现按需所需的资源，也同时定义了新的应用开发模型。由于云计算起步不久，每一层内都还有很多尚未解决的问题，下面是各层的简单介绍。

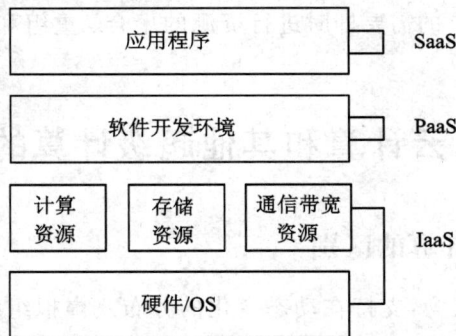

图 2－1　云计算服务类型

1. 基础架构即服务(IaaS)

IaaS 指的是以服务形式提供服务器、存储和网络硬件。这类基础架构一般是利用网格计算架构建立虚拟化的环境，网络光纤、服务器、存储设备、虚拟化、集群和动态配置软件被涵盖在 IaaS 之中。在 IaaS 环境中，用户相当于在使用裸机和磁盘，虽然可以在其上运行 Windows 或 Linux，做许多事情，但用户必须自己考虑如何让多台机器协同工作。IaaS 的最大优势在于允许用户动态申请或释放节点，按使用量计费。运行 IaaS 的服务器规模通常多达几十万台，用户几乎可以认为能够申请的资源是无限的。由于 IaaS 是供公众共享的，因而资源使用率会较高。

2. 平台即服务(PaaS)

PaaS 是在 IaaS 之上的一层，这种形式的云计算把软件开发环境作为一种服务来提供，指的是以服务形式将应用程序开发及部署平台提供给第三方开发人员。这种平台一般包含数据库、中间件及开发工具，均以服务形式通过互联网提供。

3. 软件即服务(SaaS)

SaaS 指的是通过浏览器将应用程序以服务形式提供给用户的形式,应用程序可以是公有云提供商提供的商用 SaaS 应用,或私有云提供商提供的商用或订制的 SaaS 应用。这种类型的云计算通过浏览器把程序提供给成千上万的用户使用。

2.5 云计算的体系架构

云计算可以按需提供弹性资源,它的表现形式是一系列服务的集合。结合当前云计算的应用与研究,其体系架构可分为核心服务层、服务管理层和用户访问接口层,如图 2-2 所示。核心服务层将硬件基础设施、软件开发环境、应用程序抽象成服务,这些服务具有可靠性强、可用性高、规模可伸缩等特点,以满足多样化的应用需求。服务管理层为核心服务层提供支持,进一步确保核心服务层的可靠性、可用性与安全性。用户访问接口层实现端到云的访问。

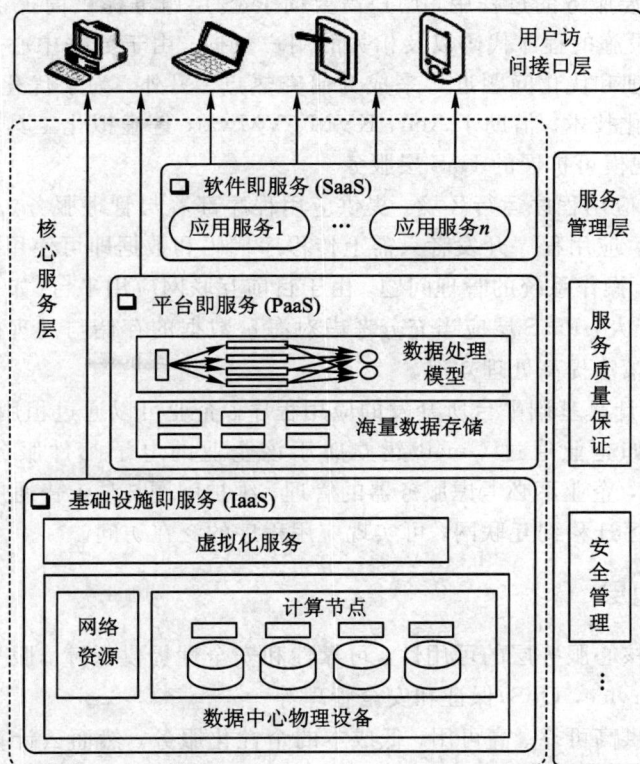

图 2-2 云计算体系架构

2.5.1 核心服务层

云计算核心服务层通常可以分为基础设施即服务(IaaS)、平台即服务(PaaS)和软件即服务(SaaS)三个层次。表 2-1 对三个子层服务的特点进行了比较。

表 2 - 1　IaaS、PaaS 和 SaaS 的比较

	服务内容	服务对象	使用方式	关键技术	系统实例
IaaS	提供硬件基础设施部署服务	需要硬件资源的用户	使用者上传数据、程序代码、环境配置	数据中心管理技术、虚拟化技术等	Amazon EC2、Eucalyptus 等
PaaS	提供应用程序部署与管理服务	程序开发者	使用者上传数据、程序代码	海量数据处理技术、资源管理与调度技术等	Google App Engine、Microsoft Azure、Hadoop 等
SaaS	提供基于互联网的应用程序服务	企业和需要软件应用的用户	使用者上传数据	Web 服务技术、互联网应用开发技术等	Google Apps、Salesforce CRM 等

IaaS 提供硬件基础设施部署服务，为用户按需提供实体或虚拟的计算、存储和网络等资源。在使用 IaaS 层服务的过程中，用户需要向 IaaS 层服务提供商提供基础设施的配置信息、运行于基础设施的程序代码以及相关的用户数据。由于数据中心是 IaaS 层的基础，因此数据中心的管理和优化问题近年来成为研究热点。另外，为了优化硬件资源的分配，IaaS 层引入了虚拟化技术。借助于 Xen、KVM、VMware 等虚拟化工具，可以提供可靠性高、可订制性强、规模可扩展的 IaaS 层服务。

PaaS 是云计算应用程序运行环境，提供应用程序部署与管理服务。通过 PaaS 层的软件工具和开发语言，应用程序开发者只需上传程序代码和数据即可使用服务，而不必关注底层的网络、存储、操作系统的管理问题。由于目前互联网应用平台（如 Facebook、Google 等）的数据量日趋庞大，PaaS 层应当充分考虑对海量数据的存储与处理能力，并利用有效的资源管理与调度策略提高处理效率。

SaaS 是基于云计算基础平台所开发的应用程序。企业可以通过租用 SaaS 层服务解决企业信息化问题，如企业通过 Gmail 建立属于该企业的电子邮件服务。该服务托管于 Google 的数据中心，企业不必考虑服务器的管理、维护问题。对于普通用户来讲，SaaS 层服务将桌面应用程序迁移到互联网，可实现应用程序的泛在访问。

2.5.2　服务管理层

服务管理层对核心服务层的可用性、可靠性和安全性提供保障。服务管理层包括服务质量（Quality of Service，QoS）保证和安全管理等。

云计算需要提供高可靠、高可用、低成本的个性化服务。然而云计算平台规模庞大且结构复杂，很难完全满足用户的 QoS 需求。为此，云计算服务提供商需要和用户进行协商，并制定服务水平协议（Service Level Agreement，SLA），使得双方对服务质量的需求达成一致。当服务提供商提供的服务未能达到 SLA 的要求时，用户将得到补偿。

此外，数据的安全性一直是用户较为关心的问题。云计算数据中心采用的资源集中式管理方式使得云计算平台存在单点失效问题。保存在数据中心的关键数据会因为突发事件（如地震、断电）、病毒入侵、黑客攻击而丢失或泄露。根据云计算服务特点，研究云计算环境下的安全与隐私保护技术（如数据隔离、隐私保护、访问控制等）是保证云计算得以广泛应用的关键。

除了 QoS 保证、安全管理外，服务管理层还包括计费管理、资源监控等管理措施，这些管理措施对云计算的稳定运行同样起着重要作用。

2.5.3 用户访问接口层

用户访问接口层实现了云计算服务的泛在访问，通常包括命令行、Web 服务、Web 门户等形式。命令行和 Web 服务的访问模式既可为终端设备提供应用程序开发接口，又便于多种服务的组合。Web 门户是访问接口的另一种模式。通过 Web 门户，云计算将用户的桌面应用迁移到互联网，从而使用户随时随地通过浏览器就可以访问数据和程序，提高了工作效率。虽然用户通过访问接口使用便利的云计算服务，但是由于不同云计算服务商提供接口标准不同，导致用户数据不能在不同服务商之间迁移。为此，在 Intel、Sun 和 Cisco 等公司的倡导下，云计算互操作论坛（Cloud Computing Interoperability Forum，CCIF）宣告成立，并致力于开发统一的云计算接口（Unified Cloud Interface，UCI），以实现"全球环境下，不同企业之间可利用云计算服务无缝协同工作"的目标。

2.6 云计算的云存储技术

云存储是在云计算概念上延伸和发展出来的一个新的概念。云计算使更大数据量的处理成为可能，被称为下一代的因特网计算和下一代的数据中心。云计算是分布式计算、并行计算和网格计算的发展，是透过网络将庞大的计算处理程序自动分拆成无数个较小的子程序，再交由多部服务器所组成的庞大系统经计算分析之后将处理结果回传给用户的。通过云计算技术，网络服务提供者可以在数秒内处理数以千万计甚至亿计的信息，达到和"超级计算机"同样强大的网络服务。

云存储是指通过集群应用、网格技术或分布式文件系统等功能，将网络中大量各种不同类型的存储设备通过应用软件集合起来协同工作，共同对外提供数据存储和业务访问功能的一个系统。

2.6.1 云存储系统的结构模型

与传统的存储设备相比，云存储不仅仅是一个硬件，而是一个由网络设备、存储设备、服务器、应用软件、公用访问接口、接入网和客户端程序等多个部分组成的复杂系统，各部分以存储设备为核心，通过应用软件来对外提供数据存储和业务访问服务。云存储系统的结构模型如图 2-3 所示。

云存储系统的结构模型由以下四层组成：

（1）存储层：云存储最基础的部分。存储设备可以是 FC 光纤通道存储设备，可以是 NAS 和 ISCSI 等 IP 存储设备，也可以是 ISCSI 或 SAS 等 DAS 存储设备。云存储中的存储设备往往数量庞大且分布于不同地域，彼此之间通过广域网、互联网或者 FC 光纤通道网络连接在一起。存储设备之上是一个统一存储设备管理系统，可以实现存储设备的逻辑虚拟化管理、多链路冗余管理，以及硬件设备的状态监控和故障维护。

（2）基础管理层：云存储最核心的部分，也是云存储中最难以实现的部分。基础管理层通过集群系统、分布式文件系统和网格计算等技术，实现云存储中多个存储设备之间的协同工作，使多个存储设备可以对外提供同一种服务，并提供更大、更强、更好的数据访问性能。内容分发网络（CDN）、数据加密技术保证云存储中的数据不会被未授权的用户所访问，同时通过各种数据备份、容灾技术和措施可以保证云存储中的数据不会丢失，保证云存储自身的安全和稳定。

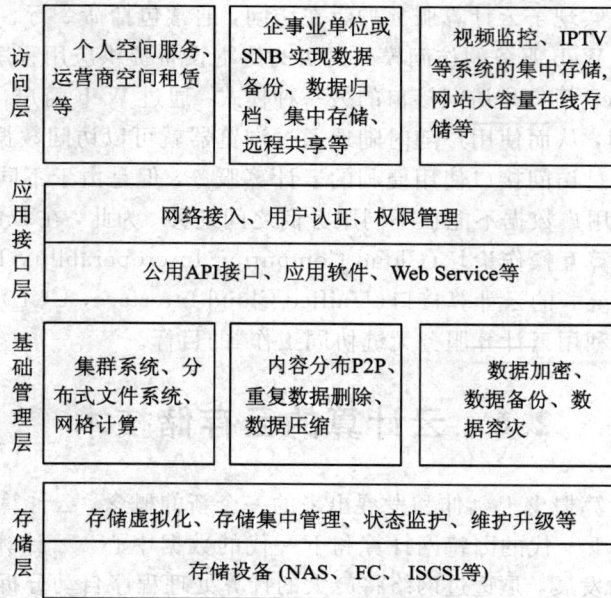

图 2-3　云存储系统的结构模型

（3）应用接口层：云存储最灵活多变的部分。不同的云存储运营单位可以根据实际业务类型开发不同的应用服务接口，提供不同的应用服务，如视频监控应用平台、IPTV 和视频点播应用平台、网络硬盘引用平台和远程数据备份应用平台等。

（4）访问层：任何一个授权用户都可以通过标准的公用应用接口来登录云存储系统，享受云存储服务。云存储运营单位不同，云存储提供的访问类型和访问手段也不同。

2.6.2　云数据存储技术

云计算采用分布式存储的方式来存储数据，采用冗余存储的方式来保证存储数据的可靠性，即为同一份数据存储多个副本。另外，云计算系统需要同时满足大量用户的需求，并行地为大量用户提供服务。因此，云计算的数据存储技术必须具有高吞吐率和高传输率的特点。

云计算的数据存储技术主要有谷歌非开源的 GFS（Google File System）和 Hadoop 开发团队开发的开源的 GFS——HDFS（Hadoop Distributed File System）。大部分 IT 厂商，包括 Yahoo、Intel 的"云"计划采用的都是 HDFS 的数据存储技术。未来的发展将集中在超大规模的数据存储、数据加密和安全性保证以及继续提高 I/O 速率等方面。

1. GFS

GFS 是一个可扩展的分布式文件系统，用于大型的、分布式的、对大量数据进行访问的应用。GFS 运行于廉价的普通硬件上，但可以提供容错功能，可以给大量用户提供总体性能较高的服务。

GFS 的系统架构如图 2-4 所示。一个 GFS 集群包含一个主服务器（master）和多个块服务器（chunkserver），被多个客户端（client）访问。master 和 chunkserver 通常是运行用户层服务进程的 Linux 机器。只要资源和可靠性允许，chunkserver 和 client 就可以运行在同一个机器上。

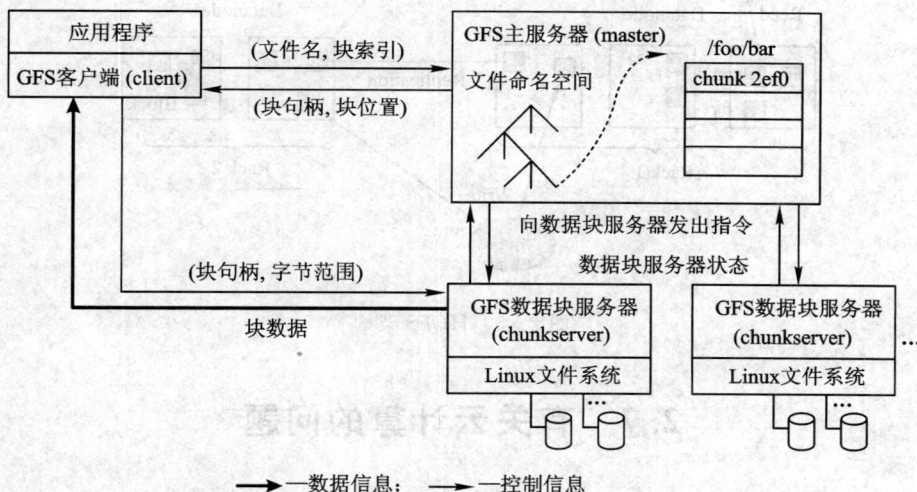

图 2-4　GFS 的系统架构

文件被分割成固定尺寸的块。每个块由一个不变的、全局唯一的 64 位的块句柄（chunk handle）标识。块句柄是在块创建时由主服务器分配的。块服务器把块作为 Linux 文件保存在本地磁盘上，并根据指定的块句柄和字节范围来读写块数据。为了保证可靠性，每个块都会复制到多个块服务器上，默认情况下，保存三个副本。

主服务器维护文件系统所有的元数据（metadata），包括名字空间、访问控制信息、从文件到块的映射信息，以及块当前所在的位置。它也控制系统范围的活动，如块租约（Lease）管理，孤儿块的垃圾收集，块服务器间的块迁移。主服务器定期通过 HeartBeat 消息与每个块服务器通信，给块服务器传递指令并收集它的状态。

GFS 客户端代码被嵌入到每个程序里，它实现了 Google 文件系统 API，帮助应用程序与主服务器和块服务器通信，对数据进行读/写。客户端与主服务器交互进行元数据操作，但是所有数据操作的通信都是直接和块服务器进行的。客户端和块服务器都不缓存文件数据，从而简化了应用程序和整个系统（因为不必考虑缓存的一致性问题），但客户端缓存元数据。块服务器不必缓存文件数据，因为块是作为本地文件存储的。

2. HDFS

Hadoop 中的分布式文件系统 HDFS 由一个管理节点（Namenode）和四个数据节点（Datanode）组成。如图 2-5 所示，Namenode 是整个 HDFS 的核心，管理文件系统的 Namespace 和客户端对文件的访问。每个 Datanode 均是一台普通的计算机，在使用上与单机上的文件系统非常类似，一样可以建目录，创建、复制、删除文件，查看文件内容等。但 Namenode 底层实现上是把文件切割成 Block，然后这些 Block 分散地存储于不同的 Datanode

上，每个 Block 还可以复制数份存储于不同的 Datanode 上，达到容错、容灾之目的。

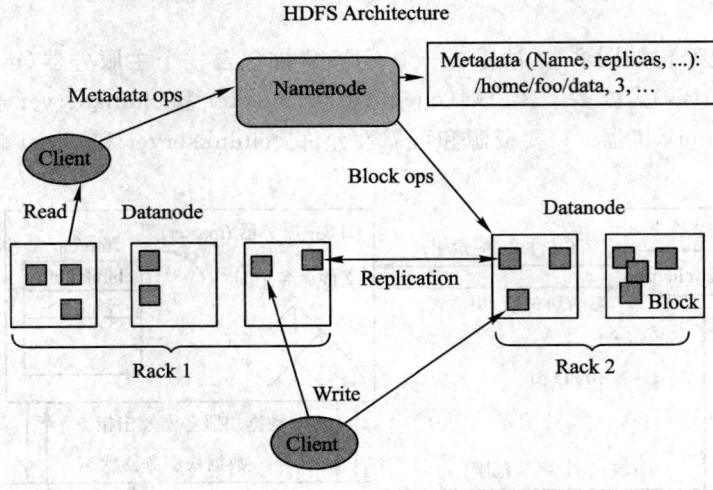

图 2-5　HDFS 架构

2.7　有关云计算的问题

2.7.1　云计算中心的计算机性能问题

云计算中心以集群计算为主，其中大量的节点通过互操作形成面向用户的虚拟服务器。但是，目前很多机构已经购置高性能计算机、搭建起高性能计算中心。那么，高性能计算机能否应用于云计算中心？云计算中心是不是高性能计算中心？高性能计算机和云计算中心的虚拟服务器之间是什么关系？

从目前流行的规模化、集约化、专业化的云计算中心（如 Google、Amazon 与 Salesforce等）来看，并没有使用全球 Top10 的高性能计算机构成服务器集群。据分析，Google 计算中心的服务器集群可能是由至少分布在 25 个地方、超过 4 万台的普通计算机组成的，而 Amazon 和 Salesforce 的计算中心则可能分别运行着由约 10 万台和千余台普通计算机组成的集群系统。正因为云计算服务于大众用户相对独立的需求，服务器集群用于响应不同用户请求的任务的依赖性、交叉性也大为降低，这种松耦合的任务甚至使得云计算中心可以"使用尼龙拉链将计算机固定在高高的金属架上，一旦出现故障便于更换"。但是，通过集群之间的协作，对于涉及"微处理器工作几十亿次"和阅读"几百兆字节数据"的一个搜索任务而言，通常仍然可以在零点几秒内即可完成。

高性能计算机的服务对象是各个科学计算领域，应用领域集中在能源、制造、天气预报、核爆、流体力学和天文计算等。2010 年高性能计算机 Top500 排名第一的 XT5（Jaguar）高性能计算机部署在 OakRidge National Laboratory，在 Linpack 测试中的运算速度为每秒 1.75 千兆次，采用了近 25 万个计算核心，理论峰值的计算速度可达每秒 2.3 千兆次。高性能计算机重要的追求目标是提高计算处理的速度，在 Linpack 测试中取得更高的性能参数。

云计算中心的服务往往需要面向大众用户的多样化应用,包括大规模搜索、网络存储和网络商务等,其应该更多地具备为数以千万计的不同种类应用提供高质量服务环境的能力,并且能有效地适应用户需求和业务创新。与超级计算中心相比,云计算完成了从传统的、面向任务的单一计算模式向现代的、面向服务的规模化、专业化计算模式的转变。可见,部署于高性能计算中心的计算机适合解决要求高并发计算的科学问题,但未必适合云计算模式。

2.7.2 云计算安全问题

资源共享的云计算,促使人们尤其关心云安全。

首先云计算不是为了解决安全问题的新式武器。作为一种基于互联网的计算模式,云计算在提供服务的同时也将不可避免地出现诸如安全漏洞、病毒侵害、恶意攻击及信息泄露等既有信息系统中普遍存在的共性安全问题。因此,传统的信息安全技术将会继续应用在云计算中心本身的安全管理上,而云计算本身的信息安全技术手段也在不断发展中。

但是,云计算中虚拟服务的规模化、集约化和专业化改变了信息资源大量分散于端设备的格局,云计算本身可以通过安全作为服务(SecaaS)的形式为改善互联网安全做出贡献。云计算中心可实现集约化和专业化的安全服务,改变当前人人都在打补丁、个个都在杀病毒的状况;还可以将备份作为一种服务形式,实现专门的云备份服务等。因此,大众用户在使用云服务的过程中所关注的云安全焦点将会进一步地转移到信任管理上来,传统的信息安全将会进一步发展为服务方和被服务方之间的信任和信任管理问题。可以说,人们普遍关心的云安全,实际上更多的是云计算中的信任管理。

如何理解云服务中心与大众用户之间的信任关系呢?在从传统的、自有的数据中心转向云计算中心的过程中,用户所面临的信任问题可以用银行存款的发展过程来打一个通俗的比方。过去的人可能认为把钱放在自己家里的某些隐蔽处最安全、最放心,但随着银行服务的发展,大家更多的是与银行签订服务契约,把钱存在银行里,由银行来保管。个人或者企业的敏感信息也具有某种相似性。用户为什么会将最敏感的数据交给云服务中心去管理?在缺乏信任管理、机制和技术保障的单机和互联网前期,恐怕大多数人都不放心。因为要防止数据的意外泄露、隐私被掌控、获取、传输和交流困难等,所以此时数据还是放在自有的信息系统中,由用户自己来负责安全,如安装防火墙、杀毒软件、数据备份等。但是,随着云计算的快速发展,用户不一定非要将敏感信息放在自己身边。云计算的核心模式是服务,服务的前提是用户和服务提供方建立信任。建立这种用户使用云计算服务所需要的信任的社会关系,最基本、最重要的保证在于互联网的民主性所形成的由下而上的力量。事实上,信任不是一次性测试出来的,也不是依靠一套固定指标测出来的,它是云计算运作过程中累积出来的品质,是消除一个个不可信要素的过程。如何更好地抽象、应用这种应用演化中所涌现出来的信任,是云安全中信任管理的关键问题之一。云计算中信任的建立、维持和管理可以通过社会与技术手段相结合的方式来推动。

2.7.3 云计算的标准化问题

云计算的本质是为用户提供各种类型和可变粒度的虚拟化服务,而实现一个开放云计算平台的关键性技术基础则是服务间的互联、互通和互操作。互联、互通、互操作是网络技术在整个发展过程中所必须具备的基本特性。各种局域网和广域网协议让计算设备互通，传输控制协议/网间协议（TCP/IP）实现了网际互联。在万维网时代，超文本传输协议（HTTP）和超文本链接标记语言（HTML）等实现了终端与 Web 网站间的互操作，使得任何遵从这些协议的 Web 浏览器都能自由无缝地访问万维网，Web 服务与面向服务的体系结构（SOA）开启了服务计算的大门。

云计算下任何可用的计算资源都以服务的形态存在。目前，许多商业企业或组织已经为云计算构建了自己的平台，并提供了大量的内部数据和服务，但这些数据和服务在语法和语义上的差异依然阻碍了它们之间有效的信息共享和交换。云计算的出现并不会颠覆现有的标准，例如 Web 服务的基础标准：简单对象访问协议（SOAP）、Web 服务描述语言（WSDL）和服务注册与发现协议（UDDI）等。但是，在现有标准的基础上，云计算更加强调服务的互操作。如何制订更高层次的开放与互操作性协议和规范来实现云（服务）－端（用户）及云－云间的互操作十分重要。

国际标准化组织 ISO/IEC JTC1 SC32 制订了 ISO/IEC 19763 系列标准——互操作性元模型框架（MFI），从模型注册、本体注册、模型映射等角度对注册信息资源的基本管理提供了参考，能够促进软件服务之间的互操作。其中，中国参与制订的 ISO/IEC 19763 - 3 本体注册元模型已正式发布。2009 年 ISO/IEC JTC1 SC7 与 ISO/IEC JTC1 SC38 分别设立了两个云计算研究组，其主要任务是制订云计算的相关术语、起草云计算的标准化研究报告。

此外，云安全联盟、开放云计算联盟、云计算互操作性论坛等行业组织也积极致力于建立相关云计算标准，包括虚拟机镜像分发、虚拟机部署和控制、云内部虚拟机之间的交流、持久化存储、安全的虚拟机配置等。这些行业组织建立云计算标准的步伐超前于国际标准化组织，中国云计算产业联盟亦要在标准化方面早做贡献。

2.8　小　结

整体上来说，云计算领域的研究还处于起步阶段，尚缺乏统一、明确的研究框架体系，还存在大量未明确和有待解决的问题，具有很大的研究意义和价值。本章首先将云计算按服务类型和部署范围分类，并对每一类云做了简单介绍；然后介绍云计算的服务类型、体系架构、云存储技术等，并针对目前云计算的发展趋势提出了几点问题。通过本章的介绍可使读者对云计算有更深一步的了解。

习　题　2

2-1　简述云计算的体系结构和分类。

2-2　简述云计算和其他超级计算的关系。

2-3　云计算有哪些服务类型？

2-4　简述云计算的存储技术。

2-5　云计算运行中需要注意的问题有哪些？

第 3 章　云计算平台及关键技术

3.1　主要云计算平台

目前，Amazon、Google、IBM、Microsoft、Sun 等公司提出的云计算基础设施或云计算平台虽然比较商业化，但对于研究云计算却是比较有参考价值的。当然，针对目前商业云计算解决方案存在的种种问题，开源组织和学术界也纷纷提出了许多云计算系统或平台方案。

1. Google 的云计算基础设施

Google 的云计算基础设施是在最初为搜索应用提供服务的基础上逐步扩展的，它主要由分布式文件系统 Google File System（GFS）、大规模分布式数据库 Big Table、程序设计模式 Map Reduce、分布式锁机制 Chubby 等几个既相互独立又紧密结合的系统组成。GFS 是一个分布式文件系统，能够处理大规模的分布式数据。图 3－1 所示为 GFS 的体系结构。系统中每个 GFS 集群由一个主服务器和多个块服务器组成，被多个客户端访问。主服务器负责管理元数据，存储文件和块的名空间、文件到块之间的映射关系以及每个块副本的存储位置；块服务器存储块数据，文件被分割成为固定尺寸（64 MB）的块，块服务器把块作为 Linux 文件保存在本地硬盘上。为了保证可靠性，每个块被缺省保存 3 个备份。主服务器通过客户端向块服务器发送数据请求，而块服务器则将取得的数据直接返回给客户端。

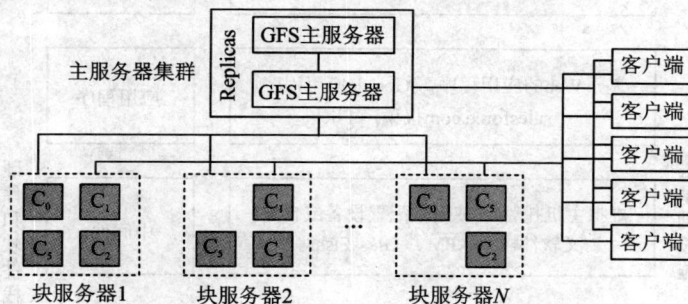

图 3－1　GFS 的体系结构

2. IBM 的"蓝云"计算平台

IBM 的"蓝云（Blue Cloud）"计算平台由一个数据中心、IBM Tivoli 监控（Tivoli Monitoring）软件、IBM DB2 数据库、IBM Tivoli 部署管理（Tivoli Provisioning Manager）软件、IBM WebSphere 应用服务器（Application Server）以及开源虚拟化软件和一些开源信息处理软件共同组成，如图 3－2 所示。"蓝云"采用了 Xen、PowerVM 虚拟技术和 Hadoop 技术，以帮助客户构建云计算环境。"蓝云"软件平台的特点主要体现在虚拟机以及所采用的大规模数据处理软件 Hadoop。该体系结构图侧重于云计算平台的核心后端，未涉及用户界面。由于该架构是完全基于 IBM 公司的产品设计的，所以也可以理解为"蓝云"产品架构。

系统的虚拟化和管理,包括硬件、软件和服务

Apache Hadoop

| 虚拟机 | 虚拟机 | 虚拟机 | 虚拟机 |

监控引擎

开源操作系统Linux和Xen

基于开源操作系统Linux和Xen
的虚拟构架

数据中心

云计算
管理系统

监控 部署裸机和虚拟服务器

- 基于开发标准和开源软件
- 包括IBM软件、硬件及服务
- 支持Power和x86处理器
- 基于Web 2.0的资源预约系统

IBM Tivoli
Monitoring　　DB2　　Tivoli Provisioning Manager　　WebSphere 应用服务器

一组部署管理软件

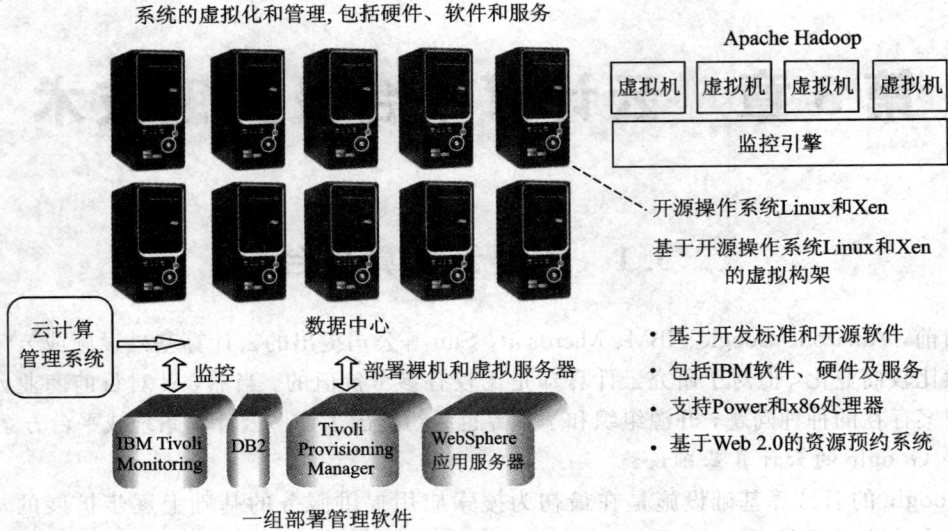

图 3-2　IBM"蓝云"的体系结构

3. Sun 的云基础设施

Sun 提出的云基础设施体系结构包括服务、应用程序、中间件、操作系统、虚拟服务器、物理服务器等 6 个层次。图 3-3 形象地体现了"云计算可描述在从硬件到应用程序的任何传统层级提供的服务"的观点。

云基础设施		硬件和软件栈
Web服务，Flickr API、Google地图API、存储	服务	
基于Web的应用程序，Google应用程序，salesforce.com报税，Flickr	应用程序	
虚拟主机托管，使用预配置设备或自定义软件栈、APM、GlassFish等	中间件	
租用预配置的操作系统，添加自己的应用程序，如DNS服务器	操作系统	
租用虚拟服务器，部署一个VM映像或安装自己的软件栈	虚拟服务器	
租用计算网络，如HPC应用程序	物理服务器	

图 3-3　Sun 的云计算平台

4. 微软的 Windows Azure 云平台

如图 3-4 所示，微软的 Windows Azure 云平台包括 4 个层次。底层是全球基础服务层（Global Foundation Service，GFS），由遍布全球的第四代数据中心构成；云基础设施服务层（Cloud Infrastructure Service）以 Windows Azure 操作系统为核心，主要从事虚拟化计算资源管理和智能化任务分配；Windows Azure 之上是一个应用服务平台，它发挥着构件（building block）的作用，为用户提供一系列的服务，如 Live 服务、NET 服务、SQL 服务等；最上层是客户服务层，如 Windows Live、Office Live、Exchange Online 等。

客户服务层	Windows Live、Office Live 、Exchange Online
应用服务平台	Live 服务、NET 服务、SQL 服务
云基础设施服务层	Windows Azure 计算、存储、管理
全球基础服务层	Hardware　Networking　Deployment　Operation

图 3-4　微软的 Windows Azure 云平台架构

5. Amazon 的弹性计算云

Amazon 是最早提供云计算服务的公司之一，该公司的弹性计算云（Elastic Compute Cloud，EC2）平台建立在公司内部的大规模计算机、服务器集群上，为用户提供网络界面操作在"云端"运行的各个虚拟机实例（Instance）。用户只需为自己所使用的计算平台实例付费，运行结束后，计费也随之结束。弹性计算云用户使用客户端通过 SOAP over HTTPS协议与 Amazon 弹性计算云内部的实例进行交互，如图 3-5 所示。弹性计算云平台为用户或者开发人员提供了一个虚拟的集群环境，在用户具有充分灵活性的同时，也减轻了云计算平台拥有者（Amazon 公司）的管理负担。弹性计算云中的每一个实例代表一个运行中的虚拟机。用户对自己的虚拟机具有完整的访问权限，包括针对此虚拟机操作系统的管理员权限。虚拟机的收费也是根据虚拟机的能力进行费用计算的，实际上，用户租用的是虚拟的计算能力。

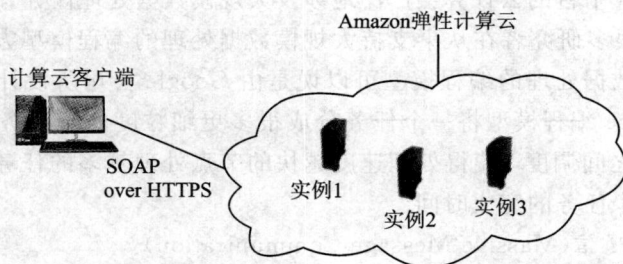

图 3-5　Amazon 的弹性计算云

6. 学术领域提出的云平台

Luis M. Vaquero 等人从云计算参与者的角度设计了一种云计算平台的层次结构。该结构中，服务提供商负责为服务消费者提供通过网络访问的各种应用服务，基础架构提供商以服务的形式提供基础设施给服务提供商，从而降低服务提供商的运行成本，提供了更大灵活性和可伸缩性。美国伊利诺伊大学（University of Illinois）的 Robert L. Grossman 等人提出并实现了一种基于高性能广域网的云计算平台 Sector/Sphere，实验测试显示性能方面优于 Hadoop。澳大利亚墨尔本大学(University of Melbourne)的 Rajkumar Buyya 等人提出了一种面向市场资源分配的云计算平台原型，其中包括用户(User/Broker)、服务等级协议资源分配(SLA Resource Allocator)、虚拟机(VM)、物理机器(Physical Machine)等 4 个实体(层次)。

3.2　云计算的关键技术

云计算是一种新兴的计算模式，其发展离不开自身独特的技术和所涉及的一系列其他传统技术的支持。

1. 快速部署(Rapid Deployment)

自数据中心诞生以来，快速部署就是一项重要的功能需求。数据中心管理员和用户一直在追求更快、更高效、更灵活的部署方案。云计算环境对快速部署的要求将会更高。首先，在云环境中资源和应用不仅变化范围大而且动态性高。用户所需的服务主要采用按需部署方式。其次，不同层次云计算环境中服务的部署模式是不一样的。另外，部署过程所支持的软件系统形式多样，系统结构各不相同，部署工具应能适应被部署对象的变化。

2. 资源调度(Resource Dispatching)

资源调度是指在特定环境下，根据一定的资源使用规则，在不同资源使用者之间进行资源调整的过程。这些资源使用者对应着不同的计算任务，每个计算任务在操作系统中对应于一个或者多个进程。虚拟机的出现使得所有的计算任务都被封装在一个虚拟机内部。虚拟机的核心技术是虚拟机监控程序，它在虚拟机和底层硬件之间建立一个抽象层，把操作系统对硬件的调用拦截下来，并为该操作系统提供虚拟的内存和 CPU 等资源。目前 VMware ESX 和 Citrix Xen Server 可以直接运行在硬件上。由于虚拟机具有隔离性，可以采用虚拟机的动态迁移技术来完成计算任务的迁移。

3. 大规模数据处理(Massive Data Processing)

以互联网为计算平台的云计算会广泛地涉及大规模数据处理任务。由于大规模数据处理操作非常频繁，很多研究者在从事支持大规模数据处理的编程模型方面的研究。当今世界最流行的大规模数据处理的编程模型可以说是由 Google 公司所设计的 Map Reduce 编程模型。Map Reduce 编程模型将一个任务分成很多更细粒度的子任务，这些子任务能够在空闲的处理节点之间调度，使得处理速度越快的节点处理越多的任务，从而避免处理速度慢的节点延长整个任务的完成时间。

4. 大规模消息通信(Massive Message Communication)

云计算的一个核心理念就是资源和软件功能都是以服务的形式发布的，不同服务之间经常需要进行消息通信协作，因此，可靠、安全、高性能的通信基础设施对于云计算的成功至关重要。异步消息通信机制可以使得云计算每个层次中的内部组件之间及各个层次之间解耦合，并且保证云计算服务的高可用性。目前，云计算环境中的大规模数据通信技术仍处于发展阶段。

5. 大规模分布式存储(Massive Distributed Storage)

分布式存储要求存储资源能够被抽象表示和统一管理，并且能够保证数据读/写操作的安全性、可靠性、性能等各方面要求。分布式文件系统允许用户像访问本地文件系统一样访问远程服务器的文件系统，用户可以将自己的数据存储在多个远程服务器上，分布式文件系统基本上都有冗余备份机制和容错机制，以保证数据读/写的正确性。云环境的存储服务基于分布式文件系统并根据云存储的特征做了相应的配置和改进。典型的分布式文件系统有 Google 公司设计的可伸缩的 Google File System(GFS)。目前，在云计算环境下的大规模分布式存储方面已经有了一些研究成果和应用。Google 公司设计的用来存储大规模结构化数据的分布式存储系统 Big Table 用来将网页存储成分布式的、多维的、有序的图。

6. 虚拟化技术

虚拟化的核心理念是以透明的方式提供抽象的底层资源，这种抽象方法并不受地理位置或底层资源的物理配置所限。就技术本身而言，它并不是全新的事物，早在 20 世纪 70 年代就已经在 IBM 的虚拟计算系统中得以应用。随着云计算的兴起，虚拟化技术再次成为研究热点，究其原因主要在于：首先，计算机系统在功能变得日益强大的同时，本身也越来越难以管理；其次，当计算系统发展到以用户为中心的阶段时，人们更关心的是如何通过接口和服务来满足复杂多变的用户需求。由于虚拟化技术能够灵活组织多种计算资源，解除上、下层资源的绑定和约束关系，提升资源使用效率，发挥资源聚合效能，为用户提供个性化和普适化的资源使用环境，因而得到高度重视。利用虚拟化技术，能够有效整合数据中心所有的硬件资源、虚拟服务器和其他基础设施，并通过高效的管理和调度为上层应用提供动态、可伸缩、灵活的基础设施平台，从而满足云计算随需扩展、按需部署、即需即用的需求。不过，各种虚拟化技术各有优势和不足，例如目前主流的半虚拟化技术，其虚拟机管理系统带来的 CPU 额外开销较少但内存性能开销较大，因此原有的 CPU 密集型应用能够较好地迁移到虚拟化平台上来，而内存或 I/O 密集型应用(如数据库等)就会遇到较大的性能问题。因此，如何融合各种虚拟化方法的优势，按照应用任务的需求，将各种资源进行动态共享和灵活配置，使计算系统具备按需构建能力，都是云计算中需要深入研究的问题。

3.3 云计算的计算模型

尽管学术界和企业界有许多研究人员提出了各种各样的云系统模型，但是大多都没有涉及采用云计算解决问题时的计算模型问题。为了解决云中服务器群之间的通信和协作，Google 提出了 GFS、Big Table 和 Map Reduce 技术。正是这些技术才使得 Google 可以让几十万台甚至上百万台计算机一起形成"云"，组成强大的数据中心。

1. GFS ——Google 文件系统

桌面应用和 Internet 应用有着巨大的差别。GFS 是 Google 公司开发的专属分布式文件系统，为了在大量廉价硬件上提供有效、可靠的数据访问而设计。

GFS 针对 Google 的核心数据存储和使用需求进行优化，用于保存搜索引擎所产生的大量数据。Google 的 Internet 搜索计算借鉴函数式编程模式，函数式操作不会修改原始数据而总是产生新的计算结果数据。因而 GFS 的应用特点是产生大量的巨型文件，通常以读为主，可以追加但很少重写，具有非常高的吞吐率。

GFS 的设计将节点分成两类：一个主节点和大量的块服务器。块服务器用来保存数据文件。每个数据文件被划分成 64MB 大小的块，每个块都有一个唯一的 64 位标签以维护文件到块的逻辑映射。主节点只是存储数据块的元数据，包括 64 位标签到块位置及其组成的文件的映射表，数据块副本位置，哪些进程正在读/写或"按下"某一数据块的"快照"以便复制副本等信息。主节点定期从块服务器接收、更新，以保持元数据的最新状态。

变更操作授权通过限时租用实现，主节点在一定时期内只限时给一个进程授予修改数据块的权限。被修改的数据块服务器作为主数据块将更改信息同步到其他块服务器上的副本，通过多个冗余副本提供可靠性和可用性。

应用程序通过查询主节点从而获取文件/块的地址，然后直接和数据块服务器联系并最终取得相应的数据文件。

目前在 Google 中有超过 200 个 Google 文件系统集群，一个集群可以由 1000 甚至 5000 台机器构成。Google 证明了用最廉价的机器搭建的云同样可以提供高可靠的计算和存储系统。

2. Big Table——数据库系统

Big Table 是 Google 构建在 GFS 及 Chubby(一种分布式锁服务)之上的一种压缩、高效的专属数据库系统，是一种结构化的分布式存储系统。这种数据库是一个稀疏的分布式多维度有序映射表，具有支持行关键字、列关键字以及时间戳 3 个维度的索引，允许客户端动态地控制数据的表现形式、存储格式和存储位置，满足应用程序对读/写局部化的具体要求。

数据库表通过划分多个子表使其保持约 200 MB 大小，从而实现针对 GFS 的优化。子表在 GFS 中的位置记录在多个特殊的被称为 META1 的子表的数据库中，通过查询唯一的 META0 子表来定位 META1 子表。Big Table 的设计目的是为了支持 PB 级数据库，可以分布在上万台机器上，更多的机器可以方便加入而不必重新配置。

3. Map Reduce——分布式计算编程模型

GFS 和 Big Table 用于解决大规模分布环境中可靠地存储数据问题，而 Map Reduce 则是 Google 提出的一个软件框架，以支持在大规模集群上的大规模数据集(通常大于 1 TB)的并行计算。Map Reduce 是真正涉及云计算的计算模型。

1) Map Reduce 的软件架构

Map Reduce 架构设计受到函数式程序设计中的两个常用函数——映射(Map)和化简(Reduce)的启发，用来开发 Google 搜索结果分析时大量计算的并行化处理，比如文献词频的计算等。在函数式程序设计中，Map 和 Reduce 都是构建高阶函数的工具。

映射将某个给定的作用于某类元素的函数应用于该类元素的列表，并返回至一个新的列表，其中的元素是该函数作用到原列表中的每个元素得到的结果。比如：Map f [v1, v2, …, vn] = [f (v1), f (v2), …, f (vn)]。从这里可以看出，这些 f 函数的计算是可以并行计算的。

Map Reduce 计算模型对于有高性能要求的应用以及并行计算领域的需求非常适合。当需要对大量数据做同样计算的时候，就可以对数据进行划分，然后将划分的数据分配到不同的机器上分别作计算。

化简将一个列表中的元素按某种计算方式(函数)进行合并。比如把一个二元运算 f 扩展到 n 元运算：Reduce f [v1, v2, …, vn] = f (v1, (reduce f [v2, …, vn]))=f(v1, f(v2,（reduce f [v3, …, vn]))= f(v1, f(v2, f(… f(vn−1, vn)…))).

Map Reduce 计算模型将前面映射操作所算得的中间结果采用化简进行合并，以得到最后结果。

2）Map Reduce 的执行过程

Map Reduce 通过将输入数据自动切片而将映射调用分布在多台机器上，进而再对中间结果的键值空间进行划分而将化简调用分布到多台机器上。

首先将数据文件切分成 M 片，然后启动集群上的多个程序拷贝。

一份特殊的拷贝是主节点，而其他的则均为从节点。主节点将"映射"或"化简"的任务分配给空闲的从节点。

被赋予映射任务的从节点读入相应输入数据片内容，分析其键值对并将其传递给用户定义的映射函数。映射函数产生的中间结果的键值对在内存中缓存。

缓存的键值对定期写入本地磁盘，由划分函数分成 R 块。这些缓存的键值对在本地磁盘中的地址被传回主节点，由其负责将地址转发给化简从节点。

当一个化简从节点收到主节点发来的地址时，它用远程过程调用读取映射缓存在磁盘里的数据。当化简从节点从其分块读取所有中间数据时，先按键值对其排序，从而使相同键的所有数据被放置在一起。

化简从节点迭代处理这些有序的中间数据，针对每个中间键值，Map Reduce 计算模型将对应的一组中间值传给用户的化简函数。化简函数的输出被追加到该化简块。

当所有映射和化简任务完成后，主节点则会通知用户程序。此时，用户程序中的 Map Reduce 调用返回到用户代码。

完成后 Map Reduce 执行的输出结果就在 R 个输出文件中。用户可以将其合并，也可以作为下一次 Map Reduce 调用或其他分布式应用的输入之用。

4. Apache Hadoop——分布式系统基础架构

Google 的 GFS、Big Table 和 Map Reduce 技术是公开的，但是其实现却是私有的。该项技术在开源社区里最具代表性的实现就是 Apache 软件基金会 Hadoop 项目了。Hadoop 是受 Google 的 Map Reduce 和 GFS 的启发而开发的一个开源 Java 软件框架，包括一个基于函数式编程的并行计算模型和分布式文件系统。Hadoop 中还有一个数据库 HBase，它实现了一个类似 Big Table 的分布式数据库，用于支持数据密集型分布式应用，可以在上千个节点上运行，支持 PB 级数据量。

Hadoop 最初开发是用于支持 Nutch 搜索引擎项目，后来 Yahoo 投入大量资金并在其 Web 搜索广告业务中广泛地使用 Hadoop。IBM 和 Google 则发起一项活动，采用 Hadoop 以支持大学的分布式计算机编程课程，这也极大促进了云计算在全球的普及。

3.4　小　结

云计算是一种新型的超级计算方式，在资源部署、数据存储等方面具有自身独特的技术。本章简单介绍了云计算中几种关键技术。Google 提出了 GFS、Big Table 和 Map Reduce技术，很好地解决了云中服务器群之间的通信和协作。目前，云计算还没有一个统一的标准，虽然 Amazon、Google、IBM、Microsoft 等云计算平台已经为很多用户使用，但是云计算在行业标准、数据安全等方面还面临着各种问题，这些问题的解决需要技术的进一步发展。

习 题 3

3-1 简述主要的云计算平台。

3-2 云计算所采用的关键技术有哪些？

3-3 综述云计算的计算模型。

第 4 章 云计算安全问题

4.1 云安全的提出

当前，云计算发展面临许多关键性问题，而安全问题首当其冲。随着云计算的不断普及，安全问题的重要性呈现逐步上升趋势，已成为制约其发展的重要因素。Gartner 2009 年的调查结果显示，70％以上受访企业的 CTO 认为近期不采用云计算的首要原因在于其存在数据安全性与隐私性的忧虑。

云计算拥有全世界最专业的队伍对数据进行管理，从表面上看云计算好像是安全的，但是如果仔细分析，就会发现云计算的服务提供商并没有对用户给出细节的具体说明，如其所在地、员工情况、所采用的技术以及运作方式等。而近年来，Amazon、Google 等云计算发起者不断爆出各种安全事故，这更加剧了人们的担忧。例如：2009 年 3 月，Google 发生大批用户文件外泄事件；2009 年 2 月和 7 月，亚马逊的"简单存储服务（Simple Storage Service，简称 S3）"两次中断导致依赖于网络单一存储服务的网站被迫瘫痪等。因此，要让企业和组织大规模应用云计算技术与平台，放心地将自己的数据交付于云服务提供商管理，就必须全面地分析并着手解决云计算所面临的各种安全问题。

目前，云计算安全问题已得到越来越多的关注。著名的信息安全国际会议 RSA 2010 将云计算安全列为焦点问题，CCS（Cloud Computing Summit，云计算高峰论坛暨展览）从 2009 年起专门设置了一个关于云计算安全的研讨会。许多企业组织、研究团体及标准化组织都启动了相关研究，安全厂商也在关注各类安全云计算产品。本章通过分析当前云计算所面临的安全问题以及云计算对信息安全领域带来的影响，提出未来云计算安全技术框架及重要的科研方向，以为我国未来云计算安全的科研、产业发展做出有益的探索。

由于系统的巨大规模以及前所未有的开放性与复杂性，其安全性面临着比以往更为严峻的考验。对于普通用户来说，其安全风险不是减少而是增大了。云计算将推动信息安全领域的又一次重大革新。安全管理也由信息安全产品测评发展到大规模信息系统的整体风险评估与等级保护等，如图 4-1 所示。

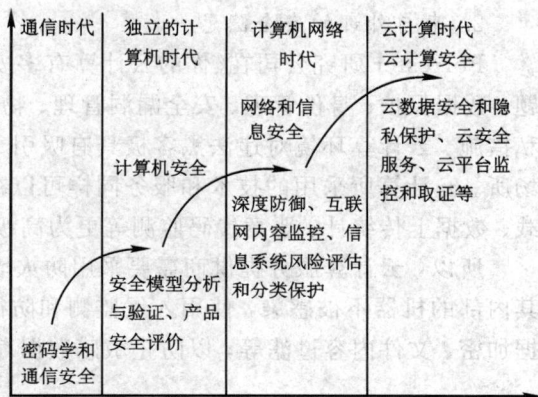

图 4-1 信息安全技术发展阶段图

4.2　云安全隐患的分类

云计算的安全隐患分为两种：一种是来自内部的安全隐患；另一种是来自外部的安全隐患。

1. 来自内部的安全隐患

美国一家咨询公司 Gartner 在 2008 年发布的一份《云计算安全风险评估》报告中称：云计算存在着七大安全隐患，可视为来自云内部的安全隐患。

（1）特权用户访问。当用户把数据交给云计算服务提供商后，对数据最具有优先访问权的不是用户本人，而是服务提供商。Gartner 建议用户应该了解更多管理数据者的信息，从而将风险降到最低。

（2）合规性。用户最终要对自己数据的安全性和完整性负责，即便这些数据是交给云计算服务提供商托管的。传统的云计算服务提供商会接受外部审计和安全认证。如果云计算服务提供商拒绝接受审计和安全认证，用户就不能对数据进行有效的利用。

（3）数据的位置。用户在使用云时可能不知道数据的确切位置，所以用户在选择云计算前应事先了解服务器位置，以及提供的服务是否符合相关国家的法律规范。

（4）数据隔离。云计算的数据通常来自其他客户的数据共享环境，加密是有效的，但不是万能的。Gartner 表示加密意外可以降低数据的可用性，甚至使数据完全无法使用。

（5）数据恢复。即使用户了解自己数据放置在哪台服务器上，也应要求服务提供商做出承诺，必须对所托管数据进行备份，以防止出现重大事故时用户数据无法得到恢复。Gartner 建议用户不仅要知道服务提供商是否有数据恢复的能力，还要知道服务提供商能在多长时间内恢复数据。

（6）调查支持。Gartner 认为在云计算中进行非法调查是不可能的，在云中进行调查特别困难，因为多个用户的数据可能设在同一地点，也可能分散在不断变化的一组主机和数据中心。如果用户得不到云计算服务提供商的承诺或有证据表明云计算服务提供商已成功支持过调查活动，那么调查是不可能进行下去的。

（7）长期生存。云计算服务提供商提供长期发展风险的安全措施，譬如用户如何拿回自己的数据，以及拿回的数据如何被导入到替代的应用程序中。

2. 来自外部的安全隐患

Forrester 研究公司在《你的云计算有多安全》的研究报告中建议用户必须考虑如下问题：数据保护、身份管理、安全漏洞管理、物理和个人安全、应用程序安全、时间相应和隐私措施。云计算环境对违法黑客极具有吸引力，因为云本身就是隐藏这类恶意软件的良好场所。云计算所采用的技术和服务同样可以被黑客利用来发送垃圾邮件，或者发起针对下载、数据上传统计、恶意代码监测等更为高级的恶意程序。

所以，云计算服务提供商需要采用防火墙以保证不被非法访问，使用杀毒软件以保证其内部的机器不被感染，使用入侵监测和防御设备以防止黑客的入侵；用户则需要采用数据加密、文件内容过滤等，以防止敏感数据存放在相对不安全的云里。

4.3　云安全防范

应该加强用户的云安全防范意识，清楚地认识到风险，并采取必要的措施来确保安全。可以设立云计算监督管理委员会，对云计算服务提供商进行监督和管理，从一定程度上解决云计算的安全隐患。建立和完善云计算安全法规也是保证云安全防范的重要措施之一，通过立法具体规定一些详细的责任条款和承担的后果，这样才能使用户的合法权益得到合理保障。具体可通过以下三点进行防范。

1. 建立以数据安全和隐私保护为主要目标的云安全技术框架

当前，云计算平台的各个层次，如主机系统层、网络层以及 Web 应用层等都存在相应的安全威胁，但这类通用安全问题在信息安全领域已得到较为充分的研究，并具有比较成熟的产品。研究云计算安全需要重点分析与解决云计算的服务计算模式、动态虚拟化管理方式以及多层服务模式等对数据安全与隐私保护带来的挑战。

1）云计算的服务计算模式所引发的安全问题

当用户或企业将所属的数据外包给云计算服务提供商或者委托其运行所属的应用时，云计算服务提供商就获得了该数据或应用的优先访问权。事实证明，由于存在内部人员失职、黑客攻击及系统故障导致安全机制失效等多种风险，云计算服务提供商没有充足的证据让用户确信其数据被正确地使用。例如，用户数据没有被盗卖给其竞争对手、用户使用习惯隐私没有被记录或分析、用户数据被正确存储在其指定的国家或区域，且不需要的数据已被彻底删除等。

2）云计算的动态虚拟化管理方式所引发的安全问题

在典型的云计算服务平台中，资源以虚拟、租用的模式提供给用户，这些虚拟资源根据实际运行所需与物理资源相绑定。由于在云计算中是多租户共享资源，多个虚拟资源很可能会被绑定到相同的物理资源上。如果云平台的虚拟化软件中存在安全漏洞，那么用户的数据就可能被其他用户访问。例如，2009 年 5 月，网络上曾经曝光 VMware 虚拟化软件的 Mac 版本中存在一个严重的安全漏洞。别有用心的人可以利用该漏洞通过 Windows 虚拟机在 Mac 主机上执行恶意代码。因此，如果云计算平台无法实现用户数据与其他企业用户数据的有效隔离，用户不知道自己的邻居是谁、有何企图，那么云计算服务提供商就无法说服用户相信自己的数据是安全的。

3）云计算中多层服务模式所引发的安全问题

前面已经提及，云计算发展的趋势之一是 IT 服务专业化，即云计算服务提供商在对外提供服务的同时，自身也需要购买其他云计算服务提供商所提供的服务。因而用户所享用的云服务间接涉及多个服务提供商，多层转包无疑极大地提高了问题的复杂性，进一步增加了安全风险。

由于缺乏安全关键技术支持，当前的云平台服务提供商多数选择采用商业手段回避上述问题。但长远来看，用户数据安全与隐私保护需求属于云计算产业发展无法回避的核心问题。其实，上述问题并不缺乏技术基础，如数据外包与服务外包安全、可信计算环境、虚拟机安全、秘密同态计算等各项技术多年来一直为学术界所关注，关键在于实现上述技术在云计算环境下的实用化，形成支撑未来云计算安全的关键技术体系，并最终为云用户提供具有安全保障的云服务。

2. 建立以安全目标验证、安全服务等级测评为核心的云计算安全标准及其测评体系

建立安全指导标准及其测评技术体系是实现云计算安全的另一个重要支柱。云计算安全标准是度量云用户安全目标与云计算服务提供商安全服务能力的尺度，也是云计算服务提供商构建安全服务的重要参考。基于标准的"安全服务品质协议"，可以依据科学的测评方法检测与评估，在出现安全事故时快速实现责任认定，避免产生责任推诿。建立云计算安全标准及其测评体系的挑战在于以下几点：

（1）云计算安全标准应支持更广义的安全目标。云计算安全标准不仅应支持用户描述其数据安全保护目标、指定其所属资产安全保护的范围和程度，更重要的是应支持用户，尤其是企业用户的安全管理需求，如分析查看日志信息、搜集信息，了解数据使用情况以及展开违法操作调查等。而这些信息的搜集可能会涉及云计算服务提供商的数据中心或其他用户的数据，带来一定安全隐患。当前，云计算商业运作模式仍不十分成熟，用户与云计算服务提供商之间的责任和权限界定得并不清晰，用户与云计算服务提供商就管理范围与权限上可能存在冲突，因此，需要以标准形式将其确定下来，明确指出信息搜集的程度、范围、手段等，防止影响其他用户的权益。不仅如此，上述安全目标还应是可测量的、可验证的，便于在相关规范中规定上述安全目标的标准化测量验证方法。

（2）云计算安全标准应支持对灵活、复杂的云服务过程的安全评估。传统意义上对服务提供商能力的安全风险评估方式是，通过全面识别和分析系统架构下威胁和弱点及其对资产的潜在影响来确定其抵抗安全风险的能力和水平，但在云计算环境下，云计算服务提供商可能租用其他服务提供商提供的基础设施服务或购买多个服务提供商的软件服务，根据系统状况动态选用。因此，标准应针对云计算中动态性与多方参与的特点，提供相应的云服务安全能力的计算和评估方法。同时，标准应支持云服务的安全水平等级化，便于用户直观理解与选择。

（3）云计算安全标准应规定云服务安全目标验证的方法和程序。由于用户自身缺乏举证能力，因此，验证的核心是服务提供商提供正确执行的证据，如可信审计记录等。云计算安全标准应明确定义证据提取方法以及证据交付方法。

3. 建立可控的云计算安全监管体系

科学技术是把双刃剑，云计算在为人们带来巨大好处的同时也带来了巨大的破坏性能力。而网络空间是继领土权、领空权、领海权、太空权之后的第五维国家主权，是任何主权国家必须自主掌控的重要资源。因此，应在发展云计算产业的同时大力发展云计算监控技术体系，牢牢掌握技术主动权，防止其被竞争对手控制与利用。与互联网监控管理体系相比，实现云计算监控管理必须解决以下几个问题：

（1）实现基于云计算的安全攻击的快速识别、预警与防护。如果黑客攻入了云客户的主机，使其成为自己向云服务提供商发动 DDOS 攻击的一颗棋子，那么按照云计算对计算资源根据实际使用付费的方式，这一受控客户将在并不知情的情况下为黑客发起的资源连线偿付巨额费用。不仅如此，与以往 DDOS 攻击相比，基于云的攻击更容易组织，破坏性更大。而一旦攻击的对象是大型云服务提供商，就势必影响大批用户，所造成的损失难以估量。因此，需要及时识别与阻断这类攻击，防止重大的灾害性安全事件的发生。

（2）实现云计算内容监控。云的高度动态性增加了网络内容监管的难度。首先，云计算所具有的动态性特征使得建立或关闭一个网站服务较之以往更加容易，成本代价更低。因此，各种含有不良内容的网站将很容易以打游击的模式在网络上迁移，使得追踪管理难度加大，对内容监管更加困难。如果允许其检查，必然涉及其他用户的隐私问题。其次，云计算服务提供商往往具有国际性的特点，数据存储平台也常跨越国界，将网络数据存储到云上可能会超出本地政府的监管范围，或者同属多地区或多国的管辖范围，而这些不同地域的监管法律和规则之间很有可能存在着严重的冲突，当出现安全问题时，难以给出公允的裁决。

（3）识别并防止基于云计算的密码类犯罪活动。云计算的出现使得组织实施密码破译更加容易，原来只有资金雄厚的大型组织才能实施的密码破译任务，在云计算平台的支持下，普通用户也可以轻松实现，严重威胁了各类密码产品的安全。在云计算环境下，如何防止单个用户或者多个合谋用户购得足够规模的计算能力来破解安全算法，也是云计算安全监管中有待解决的问题之一。

4.4　云计算安全技术框架

解决云计算安全问题的当务之急是，针对威胁，建立综合性的云计算安全框架，并积极开展其中各个云安全的关键技术研究。云计算安全技术框架如图 4-2 所示，该框架包括云计算安全服务体系与云计算安全标准及其测评体系两大部分，为实现云用户安全目标提供技术支撑。

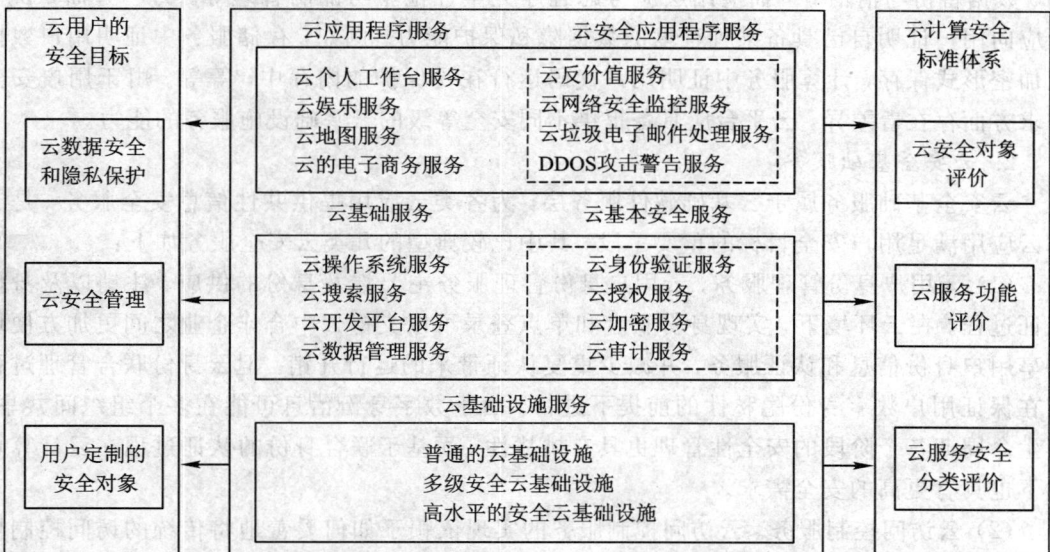

云用户的安全目标	云应用程序服务	云安全应用程序服务	云计算安全标准体系
云数据安全和隐私保护	云个人工作台服务 云娱乐服务 云地图服务 云的电子商务服务	云反价值服务 云网络安全监控服务 云垃圾电子邮件处理服务 DDOS攻击警告服务	云安全对象评价
	云基础服务	云基本安全服务	
云安全管理	云操作系统服务 云搜索服务 云开发平台服务 云数据管理服务	云身份验证服务 云授权服务 云加密服务 云审计服务	云服务功能评价
用户定制的安全对象	云基础设施服务 普通的云基础设施 多级安全云基础设施 高水平的安全云基础设施		云服务安全分类评价

图 4-2　云计算安全技术框架

4.4.1　云用户的安全目标

云用户的首要安全目标是数据安全与隐私保护服务，主要防止云服务提供商恶意泄露或出卖用户隐私信息，或者对用户数据进行搜集和分析，挖掘出用户隐私数据。例如，分析用户潜在而有效的盈利模式，或者通过两个公司之间的信息交流推断它们之间可能有的合作等。数据安全与隐私保护涉及用户数据生命周期中创建、存储、使用、共享、归档、销毁等各个阶段，同时涉及所有参与服务的各层次云服务提供商。

云用户的另一个重要需求是安全管理。即在不泄露其他用户隐私且不涉及云服务提供商商业机密的前提下，允许用户获取所需安全配置信息以及运行状态信息，并在某种程度上允许用户部署实施专用安全管理软件。

4.4.2　云计算安全服务体系

云计算安全服务体系由一系列云安全服务构成，是实现云用户安全目标的重要技术手段。根据其所属层次的不同，云安全服务可以进一步分为可信云基础设施服务、云安全基础服务以及云安全应用服务三类。

1. 可信云基础设施服务

云基础设施服务为上层云应用提供安全的数据存储、计算等 IT 资源服务，是整个云计算体系安全的基石。这里，安全性包含两个层面的含义：其一是抵挡来自外部黑客的安全攻击的能力；其二是证明自己无法破坏用户数据与应用的能力。一方面，云平台应分析传统计算平台面临的安全问题，采取全面严密的安全措施。例如，物理层应考虑厂房安全，存储层应考虑完整性和文件/日志管理、数据加密、备份、灾难恢复等，网络层应考虑拒绝服务攻击、DNS 安全、网络可达性、数据传输机密性等，系统层应考虑虚拟机安全、补丁管理、系统用户身份管理等安全问题，数据层应考虑数据库安全、数据的隐私性与访问控制、数据备份与清洁等，而应用层应考虑程序完整性检验与漏洞管理等。另一方面，云平台应向用户证明自己具备某种程度的数据隐私保护能力。例如，存储服务中证明用户数据以加密形式保存，计算服务中证明用户代码运行在受保护的内存中，等等。由于用户安全需求方面存在着差异，云平台应具备提供不同安全等级的云基础设施服务的能力。

2. 云安全基础服务

云安全基础服务属于云基础软件服务层，为各类云应用提供共性信息安全服务，是支撑云应用满足用户安全目标的重要手段。其中比较典型的几类云安全服务如下：

（1）云用户身份管理服务。云用户身份管理服务主要涉及身份的供应、注销以及身份认证过程。在云环境下，实现身份联合和单点登录可以支持云中合作企业之间更加方便地共享用户身份信息和认证服务，并减少重复认证带来的运行开销。但云身份联合管理过程应在保证用户数字身份隐私性的前提下进行。由于数字身份信息可能在多个组织间共享，其生命周期各个阶段的安全性管理更具有挑战性，而基于联合身份的认证过程在云计算环境下也具有更高的安全需求。

（2）云访问控制服务。云访问控制服务的实现依赖于如何妥善地将传统的访问控制模型（如基于角色的访问控制模型、基于属性的访问控制模型以及强制/自主访问控制模型等）和各种授权策略语言标准（如 XACML、SAML 等）扩展后移植入云环境。此外，鉴于云中各企业组织提供的资源服务兼容性和可组合性的日益提高，组合授权问题也是云访问控制服务安全框架需要考虑的重要问题。

（3）云审计服务。由于用户缺乏安全管理与举证能力，要明确安全事故责任就要求服务提供商提供必要的支持。因此，由第三方实施的审计就显得尤为重要。云审计服务必须提供满足审计事件列表的所有证据以及证据的可信度说明。当然，若要该证据不会披露其他用户的信息，则需要特殊设计的数据取证方法。此外，云审计服务也是保证云服务提供商满足各种合规性要求的重要方式。

（4）云密码服务。由于云用户中普遍存在数据加、解密运算需求，云密码服务的出现也是十分自然的。除最典型的加、解密算法服务外，密码运算中密钥管理与分发、证书管理与分发等都可以以基础类云安全服务的形式存在。云密码服务不仅为用户简化了密码模块的设计与实施，也使得密码技术的使用更集中、规范，也更易于管理。

　　3. 云安全应用服务

云安全应用服务与用户的需求紧密结合，种类繁多。典型的例子，如 DDOS 攻击防护云服务、Botnet 检测与监控云服务、云网页过滤与杀毒应用、内容安全云服务、安全事件监控与预警云服务、云垃圾邮件过滤及防治等。传统网络安全技术在防御能力、响应速度、系统规模等方面存在限制，难以满足日益复杂的安全需求，而云计算优势可以极大地弥补上述不足：云计算提供的超大规模计算能力与海量存储能力，能在安全事件采集、关联分析、病毒防范等方面实现性能的大幅提升，可用于构建超大规模安全事件信息处理平台，提升全网安全态势把握能力。此外，还可以通过海量终端的分布式处理能力进行安全事件采集，并上传到云安全中心分析，极大地提高了安全事件搜集与及时地进行相应处理的能力。

4.4.3　云计算安全标准及其测评体系

云计算安全标准及其测评体系为云计算安全服务体系提供了重要的技术与管理支撑，其核心至少应覆盖以下几方面内容：

（1）云服务安全目标的定义、度量及其测评方法规范。该规范帮助云用户清晰地表达其安全需求，并量化其所属资产各安全属性指标。清晰而无二义的安全目标是解决服务安全质量争议的基础。这些安全目标具有可测量性，可通过指定测评机构或者第三方实验室测试评估。该规范还应指定相应的测评方法，通过具体操作步骤检验服务提供商对用户安全目标的满足程度。由于在云计算中存在多级服务委托关系，相关测评方法仍有待探索实现。

（2）云安全服务功能及其符合性测试方法规范。该规范定义基础性的云安全服务，如云身份管理、云访问控制、云审计以及云密码服务等的主要功能与性能指标，便于使用者在选择时对比分析。该规范将起到与当前 CC 标准中的保护轮廓（PP）及安全目标（ST）类似的作用。而判断某个服务提供商是否满足其所声称的安全功能标准需要通过安全测评，需要与之相配合的符合性测试方法与规范。

（3）云服务安全等级划分及测评规范。该规范通过云服务的安全等级划分与评定，帮助用户全面了解服务的可信程度，更加准确地选择自己所需的服务。底层的云基础设施服务以及云基础软件服务的安全等级评定的意义尤为突出。同样，验证服务是否达到某安全等级需要相应的测评方法和标准化程序。

4.5   云安全的现状

4.5.1   国内外云计算安全技术现状

在 IT 产业界，各类云计算安全产品与方案不断涌现。例如，Sun 公司发布开源的云计算安全工具可为 Amazon 的 EC2、S3 以及虚拟私有云平台提供安全保护。工具包括 Open Solaris VPC 网关软件，能够帮助客户迅速和容易地创建一个通向 Amazon 虚拟私有云的多条安全的通信通道；为 Amazon EC2 设计的安全增强的 VMI，包括非可执行堆栈、加密交换和默认情况下启用审核等；云安全盒(Cloud Safety Box)使用类 Amazon S3 接口，自动地对内容进行压缩、加密和拆分，简化云中加密内容的管理等。微软为云计算平台Azure 筹备代号为 Sydney 的安全计划，帮助企业用户在服务器和 Azure 云之间交换数据，以解决虚拟化、多租户环境中的安全性。EMC、Intel、VMware 等公司联合宣布了一个"可信云体系架构"的合作项目，并提出了一个概念证明系统。该项目采用 Intel 的可信执行技术(Trusted Execution Technology)、VMware 的虚拟隔离技术、RSA 的 enVision 安全信息与事件管理平台等技术相结合，构建从下至上值得信赖的多租户服务器集群。开源云计算平台 Hadoop 也推出安全版本，引入 Kerberos 安全认证技术，对共享商业敏感数据的用户加以认证与访问控制，阻止非法用户对 Hadoop Clusters 的非授权访问。

4.5.2   国内外云计算安全标准组织及其进展

国外已经有越来越多的标准组织开始着手制定云计算及安全标准，以求增强互操作性和安全性，减少重复投资或重新发明，如 ITU-TSG17 研究组、结构化信息标准促进组织与分布式管理任务组等都启动了云计算标准工作。此外，专门成立的组织，如云安全联盟也在云计算安全标准化方面取得了一定进展。下面对这些标准组织及其目前的研究进展加以介绍。

1. 云安全联盟

云安全联盟(Cloud Security Alliance，CSA)是在 2009 年的 RSA 大会上宣布成立的一个非盈利性组织，宗旨是"促进云计算安全技术的最佳实践应用，并提供云计算的使用培训，帮助保护其他形式的计算"。自成立后，CSA 迅速获得了业界的广泛认可，其企业成员涵盖了国际领先的电信运营商、IT 和网络设备厂商、网络安全厂商、云计算服务提供商等。

云安全联盟确定了云计算安全的 15 个焦点领域，对每个领域给出了具体建议，并从中选取较为重要的若干领域着手标准的制定工作，在制定过程中，广泛咨询 IT 人员的反馈意见，获取关于需求方案说明书的建议。云安全联盟确定的云计算安全的 15 个焦点领域分别是信息生命周期管理、政府和企业风险管理、法规和审计、普通立法、eDiscovery、加密和密钥管理、认证和访问管理、虚拟化、应用安全、便携性和互用性、数据中心、操作管理事故响应、通知和修复、传统安全影响(商业连续性、灾难恢复、物理安全)、体系结构。

目前，云安全联盟已完成《云计算面临的严重威胁》、《云控制矩阵》、《关键领域的云计算安全指南》等研究报告，并发布了云计算安全定义。这些报告从技术、操作、数据等多方面强调了云计算安全的重要性、保证安全性应当考虑的问题以及相应的解决方案，对形成云计算安全行业规范具有重要影响。

2. 其他相关标准组织动态

2009 年底，国际标准化组织/国际电工委员会、第一联合技术委员会（ISO/IEC、JTC1）正式通过成立分布应用平台服务分技术委员会（SC38）的决议，并明确规定 SC38 下设云计算研究组。

国际电信联盟 ITU-T SG17 研究组会议于 2010 年 5 月在瑞士的日内瓦召开，决定成立云计算专项工作组，旨在达成一个"全球性生态系统"，确保各个系统之间安全地交换信息。工作组会评估当前的各项标准，以便将来推出新的标准。云计算安全是其中重要的研究课题，计划推出的标准包括《电信领域云计算安全指南》。

结构化信息标准促进组织（OASIS）将云计算看做是 SOA 和网络管理模型的自然扩展。在标准化工作方面，OASIS 致力于在现有标准的基础上建立云计算模型、配置文件和扩展相关的标准。现有标准包括安全、访问和身份策略标准（如 OASIS SAML、XACML、SPML、WS-Security Policy 等），内容、格式控制和数据导入/导出标准（如 OASIS ODF、DITA、CMIS 等），注册、储存和目录标准（如 OASIS ebXML、UDDI），以及 SOA 方法和模型、网络管理、服务质量和互操作性标准（如 OASIS SCA、SDO、SOA-RM 和 BPEL等）。

近期，分布式管理任务组（Distributed Management Task Force，DMTF）也已启动了云标准孵化器过程。参与成员将关注通过开发云资源管理协议、数据包格式以及安全机制来促进云计算平台间标准化的交互，致力于开发一个云资源管理的信息规范集合。该组织的核心任务是扩展开放虚拟化格式（OVF）标准，使云计算环境中工作负载的部署及管理更为便捷。

4.6　小　结

云计算是当前发展十分迅速的新兴产业，具有广阔的发展前景，但同时其所面临的安全技术挑战也是前所未有的，需要 IT 领域与信息安全领域的研究者共同探索解决之道。同时，云计算安全并不仅仅是技术问题，它还涉及标准化、监管模式、法律法规等诸多方面。因此，仅从技术角度出发探索解决云计算安全问题是不够的，需要信息安全学术界、产业界以及政府相关部门的共同努力才能实现。

习　题　4

4-1　简述云安全的重要性及现状。

4-2　云安全防范表现在哪些方面？

4-3　综述云安全的技术框架。

第5章 虚拟化与云计算

5.1 虚拟化技术

5.1.1 虚拟化概念

在一个计算机上创建的另一个计算机称为虚拟机，这种创建虚拟机的技术就是虚拟化技术。

虚拟化是一个广义的术语，在计算机方面通常是指计算元件在虚拟的基础上而不是真实的基础上运行。虚拟化技术可以扩大硬件的容量，简化软件的重新配置过程。CPU 的虚拟化技术可以单 CPU 模拟多 CPU 并行，允许一个平台同时运行多个操作系统，并且应用程序都可以在相互独立的空间内运行而互不影响，从而显著提高计算机的工作效率。虚拟化技术已经成为在 IT 环境中各个部分都需要使用的重要技术之一。这项技术正迅速部署在服务器、存储、网络以及客户端环境。从最大的 UNIX 服务器到最小的系统都在使用虚拟化技术，虚拟化成为节省空间和能耗的一种手段。

5.1.2 虚拟化技术的优势

虚拟化的目标是集中管理任务，同时提高可扩展性和工作负载。随着计算技术的发展，虚拟化技术在计算机中得到快速的发展，在硬件与软件、服务系统与网络系统、主机系统与存储系统上都可以见到虚拟机。通过虚拟化技术，可以提高系统的动态扩展性、设备的复用性和管理的方便性。

虚拟化技术主要有如下几个优势：

（1）提高软/硬件的利用率。将原本一台服务器的资源分配给数台虚拟化的服务器，可有效利用闲置资源，确保企业应用程序发挥出最高的可用性和性能。

（2）实现作用域的隔离。虽然虚拟机可以共享一台计算机的物理资源，但它们彼此之间仍然是完全隔离的，就像它们是不同的物理计算机一样。在可用性和安全性方面，虚拟环境中运行的应用程序之所以远优于在传统的非虚拟化系统中运行的应用程序，隔离就是一个重要的原因。

（3）良好的可靠性。虚拟服务器是独立于硬件进行工作的，通过改进灾难恢复解决方案提高了业务连续性。当一台服务器出现故障时，可在最短时间内恢复且不影响整个集群的运作，在整个数据中心实现了高可用性。

（4）兼容性。所有的虚拟服务器都与正常的 x86 系统相兼容，它改进了桌面管理的方式，可部署多套不同的系统，将因兼容性而造成问题的可能性降至最低。

（5）便于管理。采用虚拟化技术，可提高服务器/管理员比率，一个管理员可以轻松地管理比以前更多的服务器而不会造成更大的负担。

5.2　虚拟化的分类

根据层次划分，可将虚拟化分为平台虚拟化、基础设施虚拟化和软件虚拟化。

1. 平台虚拟化

平台虚拟化包括操作系统或者中间件的虚拟化。通过平台虚拟化技术，可以在一个软件系统平台上虚拟多个相近的平台，每个虚拟的平台均可以对外独立提供服务，例如中间件虚拟化、Web 服务器虚拟化等。

2. 基础设施虚拟化

基础设施虚拟化主要包括系统虚拟化、网络系统虚拟化和存储系统虚拟化等。通过基础设施虚拟化技术，可以将有限的硬件资源(包括服务器资源、存储资源和网络资源)虚拟出多个基础平台，每个平台可以独立地为用户提供服务，用户并不了解平台后端的硬件分布情况。

3. 软件虚拟化

软件虚拟化是将一个软件的实体虚拟成多个副本，它是一种软件共享的模式，即将本来应该独立使用的软件通过虚拟机共享的模式提供给更多的用户使用。

一个数据中心可能拥有服务器虚拟化、存储虚拟化、网络虚拟化以及服务虚拟化，并使用虚拟化工具对其进行管理。下面详细介绍这几种虚拟化类型。

5.2.1　服务器虚拟化

服务器虚拟化(也称硬件虚拟化)是当今最广为人知的硬件虚拟化应用。如今，强大的 x86 计算机硬件旨在运行单一操作系统和单一应用，这使得无法有效利用大多数机器。虚拟化允许在一台物理机器上运行多台虚拟机，在多个环境之间共享单台计算机的资源。不同的虚拟机可以在同一台物理机器上运行不同的操作系统和多个应用。

虚拟机监控程序软件创建的虚拟机(VM)模拟物理机器的环境，创建独立的操作系统环境，在逻辑上与主服务器隔离。虚拟机监控程序也称虚拟机管理器(VMM)，它是一个计算机程序，允许多个操作系统共享单一硬件宿主。单一物理机器可以用来创建多个虚拟机，多个虚拟机可以同时且独立地运行多个操作系统。虚拟机以文件形式存储，因此在恢复故障系统时，只要将虚拟机的文件复制到新机器上即可。

服务器虚拟化的关键收益主要表现在以下几个方面：

(1)分区：在一台物理机器上运行多个操作系统；在虚拟机之间划分物理系统资源；虚拟机并不知道存在其他虚拟机。

(2)管理：一台虚拟机发生故障时不会对其他虚拟机构成影响；管理代理能够在每台虚拟机上独立运行，以便确定每台虚拟机的性能以及在这台虚拟机上运行的应用。

(3)封装：可以将整个虚拟机状态保存在一个文件内；移动和复制虚拟机信息如同复制文件一样简单。

(4)灵活性：可以配置任何虚拟机并将其迁移到任何物理服务器上的相似机器上；使用多个操作系统平台，例如 Windows 和 Linux；无需终端虚拟机，便可修改虚拟机配置。

在任何数据中心聚合项目中，服务器虚拟化都是减少物理服务器数量(即减少物理空间占用)、制冷、电缆以及资本费用的关键驱动因素。

5.2.2 存储虚拟化

存储虚拟化是指为物理存储设备提供一个逻辑、抽象的视图,它为许多用户或应用提供了一种访问存储的方式,用户或应用在访问存储的时候,无需考虑存储的物理位置和物理管理方式。存储虚拟化使得一个环境中的物理存储可在多个应用服务器间共享,虚拟层后的超大容量的物理设备对其加以管理。存储虚拟化将所有存储设备综合在一个设备中进行使用,从而隐藏了一个组织内有多个独立存储设备的事实,也隐藏了寻找数据存储位置、获取数据、向用户提供数据的复杂过程。

通常情况下,存储虚拟化适用于大型的存储区域网(SAN)阵列,但也非常适合于本地桌面硬盘驱动器上的逻辑分区和独立冗余磁盘阵列(RAID)。长期以来,大型企业已经从 SAN 技术中获益,在 SAN 中,存储与服务器解耦,直接连接到网络上。通过在网络上共享存储,SAN 可以实现可伸缩且灵活的存储资源分配、支持高效的备份解决方案、实现更高的存储利用率。

存储虚拟化可提供下列好处:

(1) 资源优化。在传统情况下,存储设备物理地连接到服务器上,并专用于服务器和应用。如果需要更多存储容量,则需要购买更多磁盘并将其添加到服务器上,专用于应用。这种运营方式会造成空间和成本的浪费。利用存储虚拟化技术,可以按需获取存储空间而不会浪费任何空间,组织还可以更高效地利用现有的存储资源而无需购买额外的存储资源。

(2) 运营成本。为每台服务器和应用添加及配置独立的存储资源需要耗费大量的时间,并且需要许多技术娴熟的专业人员,这些都会影响总体运营成本(TCO)。存储虚拟化支持在应用之外添加存储资源,运营人员只需在管理控制台采取施放操作就可以将存储资源添加到存储池中。带有图形用户界面的安全管理控制台可以提高安全性,允许运营人员方便地添加存储资源。

(3) 提高可用性。在传统的存储应用中,因为维护存储设备、升级软件而导致计划内停机时间,以及由于病毒和电源问题造成的计划外停机时间,都会造成客户无法使用应用。这种停机会导致无法实现对客户做出的服务等级协议(SLA)承诺,从而引起客户的不满以及客户流失。存储虚拟化能够在最短时间内配置新的存储资源,从而提高资源的整体可用性。

(4) 提高性能。许多执行单一任务的系统会压垮单一存储系统。如果通过虚拟化将工作负荷分布到多个存储设备,那么就可以大大提高性能。另外,还可以在存储上实施安全监控,例如只允许经过授权的应用或服务器访问存储资源。

5.2.3 网络虚拟化

网络虚拟化可能是所有虚拟化类型中最具有歧义的一种虚拟化。网络虚拟化有多种类型,简要描述如下。

(1) VLAN 是网络虚拟化的一个简单实例。VLAN 允许将一个局域网逻辑地划分到多个广播域内,按照交换机端口定义 VLAN。也就是说,用户可以选择将端口 1~10 加入 VLAN1,将端口 11~20 加入 VLAN2。同一 VLAN 中的端口无需保持连续性(因为这是逻辑划分,并不是物理划分,所以连接到这些端口上的工作站不需要处于同一位置),处于建筑物不同楼层的用户可以连接在一起,以便构成一个局域网。

(2) 虚拟路由和转发(VRF)通常用于多协议标签交换(MPLS)网络,允许一个路由表的多个实例同时并存在同一路由器内。因为无需使用多台设备就可以划分多个网络路径,这可以大大提高路由器的功能。又因为流量自动进行分离,VRF 还提高了网络的安全性,并能消除加密和认证的需求。

(3) 网络虚拟化的另一种形式就是将多个物理网络设备聚合到一台虚拟设备中。该虚拟化的实例有 Catalyst 6500 交换机的虚拟交换系统(VSS)特性。这一特性将两个独立的机箱虚拟地组合成一台更大、更快的 Catalyst 交换机。

(4) 虚拟设备上下文环境(VDC)是一个数据中心的虚拟化概念,可以用来虚拟化设备本身,使物理交换作为多台逻辑设备来呈现。在 VDC 内,可以包含自己独有、独立的 VLAN 和 VRF 集合。可以给每个 VDC 分配物理端口,从而将硬件数据层也虚拟化。在每个 VDC 内,独立的管理域来管理 VDC 本身,从而将管理层本身也虚拟化。对于与 VDC 连接的用户,每个 VDC 看起来都是唯一的设备。

(5) 虚拟网络(VN)代表着基于计算机的网络,至少有一部分由 VN 链接构成。VN 链接不包含两种资源之间的物理连接,但使用网络虚拟化的方法实施了虚拟连接。开发Cisco VN 链接技术以便桥接服务器管理、存储管理以及网络管理领域,从而确保在一个环境内所做的更改会传递到其他环境。例如,当用户在 VMware vSphere 环境中使用 vCenter 初始化 VMotion,以便将虚拟机从一台物理服务器转移到另一台物理服务器时,这个事件就会传递给数据中心网络和 SAN,于是相应的网络配置和存储服务也会随着这台虚拟机一并转移。

从广义上讲,如果设计得当,网络虚拟化会与服务器虚拟化或虚拟机监控程序类似,即用户、应用、设备之间能够安全地共享通用的物理网络基础设施。

5.2.4　服务虚拟化

数据中心的服务虚拟化指的是提供额外安全性的防火墙服务、提供额外性能和可靠性的负载均衡服务。虚拟接口通常称为虚拟 IP(VIP),对外公开,且对外表现为实际的 Web 服务器,并按需管理进出 Web 服务器的连接。这样负载均衡器就能将多个 Web 服务器或多个应用作为单一实例来进行管理。与允许用户直接连接到每个 Web 服务器相比,这种做法可以提供更安全、更健康的拓扑。这是一种一对多的虚拟化表现方式,对外表现为一台服务器,实际隐藏着反向代理设备后的多台服务器的可用性。

5.3　虚拟化的架构

由于虚拟化技术能够通过资源共享与合并资源来提高效率并降低成本,因此它已经被迅速地应用于数据中心与其他设备上。在网络核心,由于受法规、运营、组织以及安全等各方面的影响,不同网络与服务的虚拟化工作变得更加具有挑战性。

虚拟化能够降低 IT 资金成本和运营成本,并提高资产的运营效率和灵活性。虚拟化在服务器整合的基础上更进一步,通过部署标准的虚拟化平台来实现整个 IT 基础架构的自动化。虚拟化的强大功能能够有效地管理 IT 容量,提供更高的服务级别,并简化 IT 流程。因此，我们为 IT 基础架构的虚拟化创造了一个术语，将其称做"虚拟基础架构"。

以前的虚拟软件必须是装在一个操作系统上，然后在虚拟软件之上安装虚拟机，再在其中运行虚拟的系统及其应用。而在当前的架构下，虚拟机可以通过虚拟机管理器（Virtual Machine Monitor，VMM）来进行管理。

VMM 在底层实现对其上的虚拟机的管理和支持。但现在许多硬件，比如 Intel 的 CPU 已经对虚拟化技术做了硬件支持，大多数 VMM 可以直接装在裸机上，在其上再装几个虚拟机便可大大提升虚拟化环境下的性能体验。

目前常见的 VMM 的工作模式如图 5-1 所示。

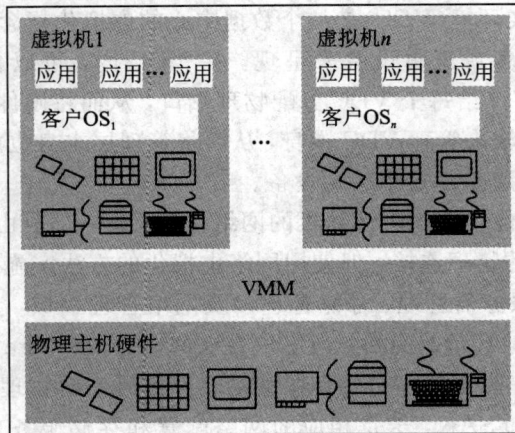

图 5-1　VMM 的工作模式

利用虚拟基础架构可以在整个基础架构范围内共享多台计算机的物理资源。利用虚拟化技术可以在多台虚拟机之间共享单台物理计算机的资源以实现最高效率。资源在多个虚拟机和应用程序之间进行共享。业务需要是将基础架构的物理资源动态映射到应用程序的驱动力，即便在这些需要发生变化时也是如此。可将 x86 服务器与网络和存储器聚合成一个统一的 IT 资源池，供应用程序根据需要随时使用。这种资源优化方式有助于组织实现更高的灵活性，使资金成本和运营成本得以降低。

如图 5-2 所示，一个虚拟基础架构通常可以包括以下组件：

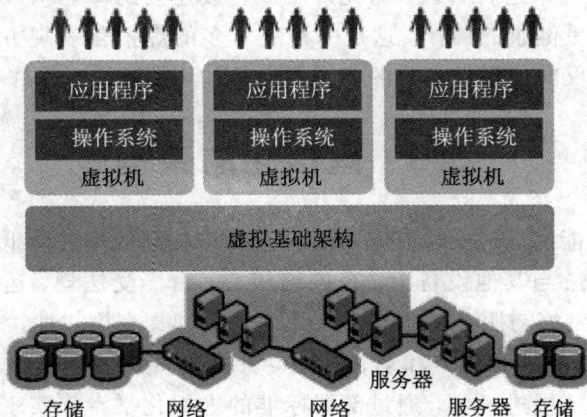

图 5-2　虚拟基础架构

（1）裸机管理程序，可使每台 x86 计算机实现全面虚拟化。

（2）虚拟基础架构服务（如资源管理和整合备份），可在虚拟机之间使可用资源达到最优配置。

（3）自动化解决方案，用于通过提供特殊功能来优化特定 IT 流程，如部署或灾难恢复。

将软件环境与其底层硬件基础架构分离，以便管理员可以将多个服务器、存储基础架构和网络聚合成共享资源池。然后，根据需要安全、可靠地向应用程序动态提供这些资源。借助这种具有开创意义的方法，我们可以使用价格低廉的行业标准服务器以构造块的形式构建自我优化的数据中心，并实现高水平的利用率、可用性、自动化和灵活性。

5.4　云计算与虚拟化

5.4.1　云计算的基石——虚拟化

虚拟化是云计算的基石。如图 5-3 是一个典型的云计算平台。在此平台中，由数台虚拟机所构成的虚拟化的硬件平台共同托起了全部软件层所提供的服务。

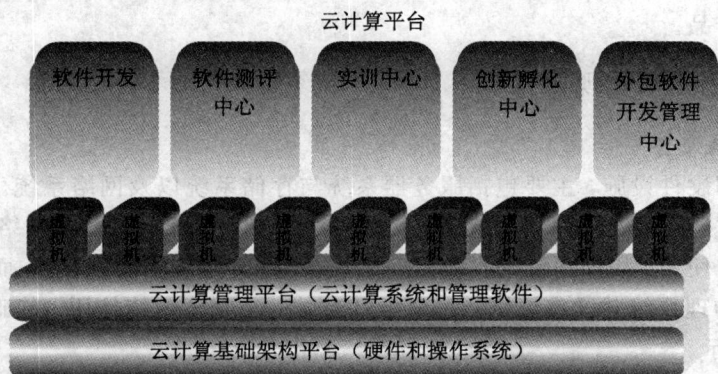

图 5-3　云计算平台

在虚拟化与云计算共同构成的一个整体架构中，虚拟化有效地分离了硬件与软件，而云计算则让人们将精力更加集中在软件所提供的服务上。

云计算必定是虚拟化的，虚拟化给云计算提供了坚实的基础。但是虚拟化的用处并不仅限于云计算，这只是它强大功能中的一部分。

IBM 于 2009 年发布了企业级数据中心（New Enterprise Data Center，NEDC）概念，主要通过简化（Simplified）、共享（Shared）与弹性（Dynamic）三个层面，逐步达到数据中心的转型，透过更具弹性的 IT 架构（如同云计算的架构），全面解除应用服务与硬件资源间的固定对应关系，达到快速提供服务的目的。

就目前来说，这种新一代的数据中心的一大特点就是运营的弹性。因此 IBM 认为，全新企业级数据中心要做到弹性，就要做到类似云计算的架构。云计算并不限制应用程序与硬件间必然的关系，也就是通过平行运算的方式，一个应用程序可以在不同的硬件上执行，全面解除应用服务与硬件资源间的固定对应关系。

按照现在的情况，数据中心要做到这样的弹性相当不容易。但是如果将数据中心简单地划分为硬件与软件两个层面，那么未来数据中心的面貌就是将底层的硬件(包含服务器、储存与网络设备)全面虚拟化，在上层的软件则是面向服务的体系结构(Service-Oriented Architecture，SOA)，让数据中心可以达到随选所需的运作环境，也就是建立起一个共享的环境，数据可以根据业务形态的不同需求，临时搭配出各种应用，达到一个服务导向的 IT 架构。

由此可见，实现云计算弹性数据中心的关键是虚拟化和 SOA。不过，这种理想状态需要高度的技术整合能力。单就虚拟化而言，随着虚拟化厂商的增多，异构的虚拟化环境已经是大势所趋。用户重新面临异构虚拟化技术的整合问题，目前无论是 VMware 还是微软的产品，对于其他虚拟化软件的管理都不是很理想。所以，当应用云计算时，面对庞杂的设备平台和各种技术，如何既有效整合各种资源，又能保证其安全性和可用性，是实现云计算的关键。

云计算已经是第三代的 IT，第一代是静态的 IT，第二代是一个共享的概念，数据和信息的共享，第三代则是动态的 IT，所有的信息和数据都在动态的架构上。对于存储、服务器的"服务化"，一定要让硬件变成动态的，而这一切都要看服务器在虚拟化方面的能力。

目前，大部分的云计算基础构架是由通过数据中心传送的可信赖的服务和建立在服务器上的不同层次的虚拟化技术组成的。虚拟化为云计算提供了很好的底层技术平台，而云计算则是最终产品。

5.4.2　虚拟化技术实现云计算

1. 基础设施服务

基础设施即硬件设施，主要包括服务器系统与存储系统以及网络系统。采用虚拟化技术，将集中的服务器系统与存储系统建立为统一的基础设施云，并通过网络以 IaaS 的服务模式提供给用户使用。用户得到的资源是一个虚拟系统(并非物理系统)，而该虚拟系统在用户端看来和物理系统并没有区别，完全可以当做一个物理系统使用。基础设施服务架构图如图 5-4 所示。

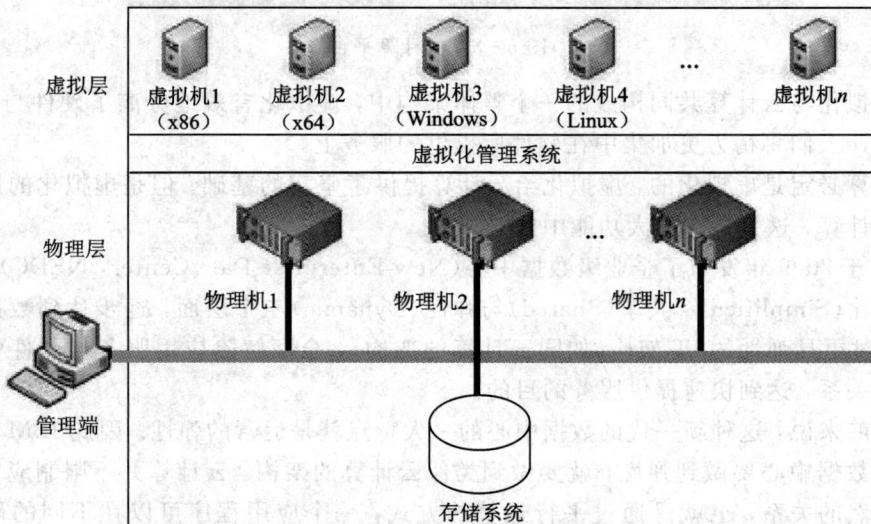

图 5-4　基础设施服务架构图

　　通过虚拟化管理系统，将多个物理的系统资源整合在一起，然后通过虚拟化的方式在之上建立所需的虚拟机供用户使用，虚拟机可以实现动态的资源调整和迁移，以达到高可用性和高性能的目的。

　　虚拟化技术通过硬分区（如 IBM 的 LPAR 或者 Sun 的 Domain 技术）以及软分区（如 VMware vCloud、Citrix Xen 或者 RedHat 的 KVM 等）加以实现基础设施的云计算服务。

　　从以上架构和实现可以看出，通过该虚拟化技术，可以实现基础设施服务的云计算服务。

2. 平台服务

　　平台服务即应用运行平台，主要包括中间件和操作系统等。通过这类软件的虚拟化技术，构建统一的公共的平台和相应的虚拟服务，以 PaaS 方式提供给用户使用，用户即可在之上部署其应用，而无需自己构建和维护这些平台，所有的工作交由云端处理。平台服务架构图如图 5-5 所示。

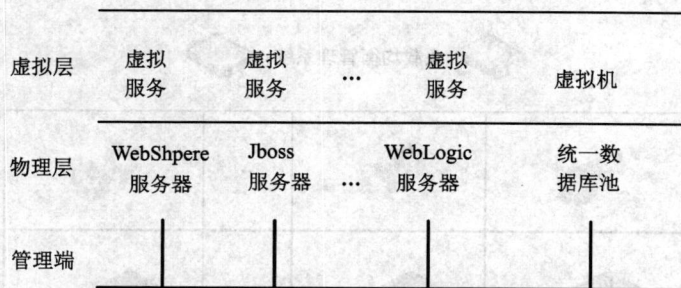

虚拟层	虚拟服务	虚拟服务	…	虚拟服务	虚拟机
物理层	WebShpere服务器	Jboss服务器	…	WebLogic服务器	统一数据库池
管理端					

图 5-5　平台服务架构图

　　通过在统一的硬件平台上部署各种常见的通用应用服务器和数据库系统，例如 IBM WebShpere、Jboss、Oracle WebLogic 和 Oracle Database 等软件，使得该类软件均可以通过创建实例等模式来创建虚拟服务，各个虚拟服务之间彼此相对隔离，可以供不同的用户使用。

　　从以上架构和实现可以看出，通过该虚拟化技术，可以实现平台服务的云计算。

3. 软件服务

　　软件服务即将软件当做一种服务，变传统的买为租的形式，是当前众多的服务提供商所提供的服务，也是目前云计算实现最为广泛的方式，例如 Google、Amazon、Tencent、FaceBook 等。

　　将软件当做一种服务，关键在于软件的数据存储和相关的业务均在云端，用户只需通过浏览器或者简单的客户端，即可以进行服务的访问和操作。

　　由此可以看出，由于所有的计算均在云端，故云端的计算能力需要满足计算的要求。由于移动终端的发展，例如智能手机和平板电脑等的快速发展，这类客户端快速占据了极大的访问量，因此如何解决性能问题是该类云服务的关键。一般来说，单一硬件甚至是单一的数据中心都无法实现这么大规模运算的性能要求，因此通过多个硬件甚至是多个数据中心来共同提供服务成为必需的路径。简单地说，负载均衡解决方案才能解决该类性能的问题。

　　从以上虚拟化的介绍可以看出负载均衡也是一种虚拟化，不同于传统的虚拟化，它是一种汇聚型的虚拟化的过程，即为了解决单一系统无法满足性能要求的问题。软件服务架构图如图5-6所示。通过在处于不同数据中心的服务器上部署相关的应用系统，每个应用系统都具有为客户端提供相同服务的功能，通过上层的负载均衡管理系统进行集中管理，并对外提供统一的入口。用户只需通过统一的入口登录。负载均衡管理系统根据用户的终端类型、需求的服务类型以及网络的来源等，选择最适合用户服务的服务实体为用户提供服务，而整个过程用户无需也不知道其服务的所在的详细情况。

从以上架构和实现可以看出，通过该虚拟化技术，可以实现多系统平台的统一接入方式，所有的应用的服务被虚拟为一个单一的服务实体。

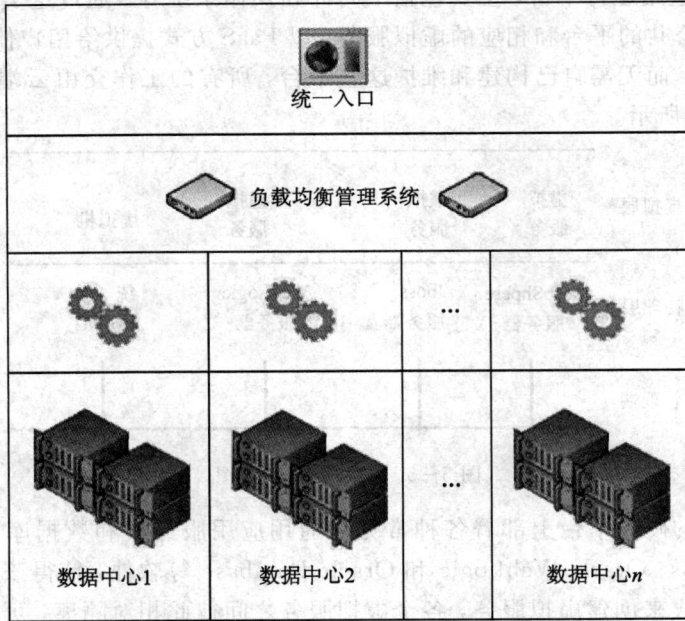

统一入口

负载均衡管理系统

…

数据中心1　　　数据中心2　　　数据中心n

图 5-6　软件服务架构图

5.5　小　结

虚拟化概念其实并不像有些人想象的那样新，用于在主机上进行分时处理的虚拟化技术可追溯到20世纪60年代。正是由于充满挑战的商业需求和书架上满是虚拟化技术的情况产生了交汇，才使得虚拟化对于今天的企业如此重要。

关于虚拟化的好处最常被引述的是其可降低成本。虽然这点意义非常重大，但降低成本只是虚拟化所产生的价值的一部分。未来虚拟化将是一种变革性的技术，如果有效地应用，可帮助企业创建具有高效率和成本效益并且具备自适应能力的IT系统，能够自动即时地提供由于业务环境发生变化所需要的新能力。

虚拟化的好处是与更复杂的服务器管理问题相生相伴的。为了实现虚拟化承诺的更低的功耗和成本，企业还必须要加上自动化的虚拟化管理。虚拟化与云计算是相辅相成的，虚拟化造就了云计算，而云计算也令虚拟化在网络时代被重新定义。

习 题 5

5-1 什么是虚拟化技术？

5-2 简要分析虚拟化技术目前的研究现状。

5-3 简述虚拟化与云计算。

5-4 虚拟化技术在云计算中如何实现？

第 6 章　云计算数据库的研究

随着云计算时代的到来，各种类型的互联网应用层出不穷，对与此相关的数据模型、分布式架构、数据存储等数据库相关的技术指标也提出了新的要求。虽然传统的关系型数据库已在数据存储方面占据了不可动摇的地位，但由于其局限性，已经越来越无法满足云计算时代对数据扩展、读/写速度、支撑容量以及建设和运营成本的要求。云计算时代对数据库技术提出了新的要求：

（1）海量数据处理：对类似搜索引擎和电信运营商级的经营分析系统这样大型的应用而言，需要能够处理 PB 级的数据，同时应对百万级的数量。

（2）大规模集群管理：分布式应用可以更加简单地部署、应用和管理。

（3）低延迟读/写速度：快速的响应速度能够极大地提高用户的满意度。

（4）建议及运营成本：云计算应用的基本要求是希望在硬件成本、软件成本以及人力成本方面都有大幅度的降低。

在未来，云计算存在的形态将会是一个个如同 Google、Amazon 这样的运营和服务中心，可以简单地将它视为数据中心＋计算中心＋界面/接口。通过界面/接口，普通用户将可以利用以往只能为少数人所拥有的庞大的数据和处理能力，获得自己所需的信息。

6.1　云计算数据库

6.1.1　云计算数据库的研究现状

国内现有的与数据库相关的云计算研究工作也都处于起步阶段。Google、百度、新浪、腾讯、盛大等众多已经有着丰富数据资源或计算资源的互联网企业将会走在云计算浪潮的前列，除了安全性、带宽、软/硬件资源管理等技术因素外，他们面临的最大挑战是尽快寻找到或者创造出新的基于云计算的用户需求。例如，上海超级计算中心作为国内首家也是唯一一家面向公众开发的公共计算服务平台，已经通过网络为各个应用领域的用户提供计算服务。对这类数据或计算中心，云计算时代面临的主要挑战同样是拓宽与寻找新的服务领域和服务内容。

6.1.2　云计算数据库的基本思想

这里提出的云计算数据库是一个面向云计算的数据库资源管理平台，旨在为现有大量位于 Internet 后台的数据库资源的共享提供一个云计算接入环境，为云计算应用提供基础结构级的数据库资源访问、发现、整合等一系列问题的通用解决方案。

云计算数据库探讨的问题涉及了包括数据库管理系统、分布式数据库以及语义 Web 在内的多个相关领域的研究。云计算数据库采纳了这些领域的一些思想、方法和技术，但是在研究方向和内容上又有所不同。云计算数据库的研究重点不在于如何提高数据库系统本身的性能或功能问题，而在于如何基于现有数据库管理系统，将数据库作为基本的数据管理单元并入云计算环境，使其能够被云计算应用有序地访问和协同地调用，即如何建立数据库资源在云计算上的共享规则。因此，云计算数据库的目标是要成为云计算平台的一个组成部分，它的本质是位于数据库管理系统和云计算数据库用户之间的一层中间件。

6.2　云计算数据库的关键技术及实现过程中要解决的基本问题

1. 关键技术

1）数据存储技术

为保证高可用、高可靠和经济性，云计算采用分布式存储的方式来存储数据，采用冗余存储的方式来保证存储数据的可靠性。另外，云计算系统需要同时满足大量用户的需求，并行地为大量用户提供服务，因此云计算的数据存储技术必须具有高吞吐量和高传输率的特点。未来的发展将集中在超大规模的数据存储、数据加密和安全性保证以及继续提高 I/O 速率等方面。为了满足云计算的分布式存储方式，同时保证数据可靠性和高吞吐率以及高传输率的需求，目前各 IT 厂商多采用 GFS 或 HDFS 的数据存储技术。

2）数据管理技术

云计算系统对大数据集进行处理、分析，向用户提供高效的服务。因此，数据管理技术必须能够高效地管理大数据集，同时必须在规模巨大的数据中找到特定的数据。云计算的特点是对读取后的海量的数据存储进行大量的分析，数据的读操作频率远大于数据的更新频率，云中的数据管理是一种读优化的数据管理。由于云计算采用列存储的方式管理数据，因此如何提高数据的更新速率以及进一步提高随机读速率是未来的数据管理技术必须解决的问题。为了满足云计算的大规模数据集管理以及高效的数据定位需求，谷歌采用 Big Table 的数据管理技术。在各大 IT 厂商的支持下，Hadoop 称得上是开源创新领域的杰出典范。

3）数据安全技术

网络技术的发展使得带宽不会成为主要障碍，安全性依旧是最重要的顾虑。将保存在本地、为自己所掌控的数据交给一个外部的云计算存储服务中心，这样一个改变让人不得不考虑数据的安全和保密问题。"云安全"作为云计算技术的一种应用，其实质是通过安全厂商自建的数据中心这个"云"与客户端相互合作，共同对用户访问的 Web 内容进行防护，通过"云"对互联网进行扫描，对有毒的网页进行标记。其具体操作流程是：用户在访问网页之前，先与"云"取得联系，如果网页安全就顺利访问，否则就终止行为。

2. 实现过程中必须要解决的基本问题

1）云计算数据库资源发现

在云计算开发环境下，大量云计算数据库资源共存且完全独立于应用。云计算数据库对外界发布共享的数据，应用要找到合适的数据源依赖于一套资源注册和发现机制，这也是云计算为所有类型资源提供的一个共有的基本功能。

2）云计算数据融合

面对多个异质、分布、自治的数据资源，需要对其进行整合，形成一个统一的数据视图，或者称为虚拟数据库。

3）云计算海量数据处理

大量科学型的研究应用是数据密集型的，在其运行过程中会产生海量数据，这就需要数据库尽可能保证数据的安全性和存取的效率。

4）容错性控制

云计算环境下的数据库访问连接，受到网络、站点局部控制与突发事件等因素的制约，因此云计算必须负责实时监控数据库状态，处理异常情况，保证数据操作的正确性和效率。

6.3　关系型数据库与 NoSQL 数据库

6.3.1　关系型数据库的劣势

随着 Web 2.0 的发展，传统的关系型数据库在应对超大规模和高并发的 SNS 类型的网站方面暴露了许多难以克服的问题，主要表现为以下几点：

（1）高并发读/写速度慢。这种情况主要发生在数据量达到一定规模时，由于关系型数据库的系统逻辑非常复杂，容易发生死锁等并发问题，从而导致其读/写速度下降。例如，Web 2.0 网站要根据用户个性化信息来实时生成动态页面、提供动态信息，所以基本上无法使用动态页面静态化技术，因此数据库并发负载非常高，往往要求达到每秒上万次读/写请求。关系型数据库勉强可以应付上万次的 SQL 查询，但硬盘 I/O 往往无法承担上万次的 SQL 写数据请求。

（2）支撑容量有限。类似 Facebook、Twitter 这样的 SNS 网站，每天产生海量的用户动态，每月会产生几亿条用户动态，对于关系型数据库来说，在一张数亿条记录的表里面进行 SQL 查询，效率是极低的。

（3）扩展性差。在基于 Web 的架构中，数据库是最难进行横向扩展的。当一个应用系统的用户量和访问量与日俱增的时候，传统的关系型数据库没有办法像 Web Server 那样通过简单地添加更多的硬件和服务器节点来扩展性能和负载能力。对于不间断提供服务的网络来说，对数据库系统进行升级和扩展是非常痛苦的事情，往往需要停机维护和数据迁移，因此迫切需要关系型数据库能够通过不断添加服务器节点来实现扩展。

（4）建设和运维成本高。企业级数据库的价格很高，并且随着系统的规模增大而不断上升。高昂的建设和运维成本无法满足云计算应用对数据库的需求。

关系型数据库遇到了上述难以克服的瓶颈，与此同时，它的很多主要特性在云计算应用中也无用武之地，例如，数据库事务一致性、数据库的写实时性和读实时性，复杂的 SQL 查询特别是多表关联查询。因此，传统的关系型数据库已经无法独立应付云计算时代的各种应用。

6.3.2　NoSQL 数据库数据模型

关系型数据库越来越无法满足云计算的应用场景，为了解决此类问题，非关系型数据库应运而生。由于在设计上和传统的关系型数据库相比有了很大的不同，所以非关系型数据库被称为 NoSQL(Not only SQL)数据库。与关系型数据库相比，NoSQL 更关注对数据高并发读/写和海量数据的存储，在架构和数据模型方面做了简化，而在扩展和并发等方面做了增强。目前，主流的 NoSQL 数据库包括 Big Table、HBase、Cassandra、SimpleDB、CouchDB、MongoDB 与 Redis 等。NoSQL 常用数据模型如下：

1. Column-oriented(列式)

列式主要适用于 Table 这样的模型，但是它并不支持类似 Join 这样多表的操作。列式的特点是在存储数据时，主要围绕着"列"，而不是像传统的关系型数据库那样根据"行(row)"进行存储。也就是说，属于同一列的数据会尽可能地存储在硬盘的同一页中，而不是将属于同一个行的数据存储在一起。这样做的好处是，对于很多类似数据仓库的应用，虽然每次查询都会处理很多数据，但是每次所涉及的列并没有很多。使用列式数据库，将会节省大量 I/O，并且大多数列式数据库都支持 Column-Family 这个特性，能将多个列并为一个小组，提高这些列的存储和查询效率。总体而言，列式数据模型的优点是比较适合汇总和数据仓库这类应用。

2. Key-value(键值)

虽然 Key-value 这种模型和传统的关系型数据库相比较为简单，有点类似常见的 Hash Table，一个 Key 对应一个 value，但是它能提供非常快的查询速度、大的数据存放量和高并发操作，非常适合通过主键对数据进行查询和修改等操作，虽然不支持复杂的操作，但是可以通过上层的开发来弥补这个缺陷。

3. Document(文档)

在结构上，Document 和 Key-value 是非常相似的，也是一个 Key 对应一个 value，但是这个 value 主要以 JSON 或者 XML 等格式的文档来进行存储，是有语义的，并且 Document DB 一般可以对 value 创建 Secondary Index，方便上层的应用，而这点是普通的 Key-value DB 所无法支持的。

6.3.3 NoSQL 数据库的优劣势分析

下面从设计理念、数据模式、分布式等几个角度对 Big Table、Cassandra、Redis 与 MongoDB 进行比较，见表 6-1。

表 6-1 主要 NoSQL 数据库之间的比较

	Big Table	Cassandra	Redis	MongoDB
设计理念	海量存储和处理	简单和有效的扩展	高并发	全面
数据模型	Column-Family	Column-Family	Key-value	Document
分布式	Single-Master	P2P	M/S 备份	Replica Sets
特色	支持海量数据	采用 Dynamo 和 P2P	List、Set 的处理	全面
不足	不适应低迟延应用	Dynamo 机制受到质疑	分布式方面支持有限	在性能和扩展方面没有优势

1. 优势

NoSQL 数据库主要有以下几个优势：

（1）扩展简单。例如 Cassandra，由于其架构类似于经典的 P2P，因此能够通过简单添加新的节点来扩展集群。

（2）读/写快速。例如 Redis，由于其逻辑简单，纯内存操作，因此具有非常出色的性能，单节点每秒可以处理超过 10 万次的读/写操作。

（3）成本低廉。因为大多数 NoSQL 数据库都是开源软件，所以没有昂贵的成本限制。

2. 劣势

NoSQL 数据库虽然具有很多显著的优势，但依然存在很多不足，主要表现在以下几个方面：

（1）不提供对 SQL 的支持。这会对用户产生一定的应用迁移成本，同时无法实现组合应用并发挥 SQL 数据库已经非常成熟的优势。

（2）支持的特性不够丰富。现有 NoSQL 数据库提供的功能十分有限，大多数都不支持事务和其他附加功能。

（3）产品不够成熟。大多数 NoSQL 数据库产品还处于初级阶段，与已经非常完善成熟的关系型数据库不可同日而语。

6.4　云数据库的安全

信息安全技术虽然越来越完善，但数据库安全面临的挑战越来越多，如数据品质和完整性。互联网增加了人们对于网络的依赖，但是人们无法确定网络数据的品质和完整性。而且，移动用户访问控制和隐私问题也被暴露。移动设备、传感器网络促使数字化生活随时随地成为了可能，但是人们发现自己已经不知不觉地生活在了一个暴露一切数据的环境中，用户的账号、信用凭证、权限、计划和浏览记录等均是如此。如何管理与使用这些数据和确保访问控制的真实性、权威性等方面面临着前所未有的挑战。数据库的可存活性也不容忽视。可存活性意味着系统在遭受攻击或产生错误的时候能继续提供核心服务并及时回复全部的服务。

目前还没有标准的云数据库安全标准体系，因此用户对云数据库的安全较为关心。

较为完善的云服务商业模式应该是大多数云服务提供商自身就是内容供应商，公司有条件把主要业务完全迁移至公共端，但是实施的公司很少且很困难。这可能会限制云计算和云数据库的发展。因此创建和实行一个完善的能保证安全体系的结构对于云数据库技术将来的发展至关重要。

6.5　云数据库的发展趋势

随着云的兴起，非关系型数据库成了一个极其热门的新领域，非关系型数据库产品的发展非常迅速。而传统的关系型数据库显得力不从心，暴露了很多难以克服的问题，它所存在的许多规则束缚了数据库系统的开发，而在云端需要的是一个真正强大的、能让多台计算机一起运行的数据库系统，可保存所有用户的所有数据。

作为云数据库，就其自身所持有的易扩展、易配置以及根据负载特性和资源状况进行自我优化的特征，非关系型数据库正在吸引人们的注意。因为关系型数据库本身所存在的不足以及不易扩展，在应用中需要配合 Join 操作，而 Join 操作不易并行的性质使得关系型数据库很难部署在有大量节点的 Share Nothing 集群，这对海量数据库的处理造成不利的局面。

基于云计算的需求，应该说 NoSQL 数据库就是下一代数据库技术，因为其主要特点是非关系、分布式、水平可扩展，非常配合云计算中的海量数据运算。NoSQL 数据库具有极高的并发读/写性能，而且在保证海量数据存储的同时，还具有良好的查询性能和弹性的可扩展能力。

另外，并行关系型数据库也可以考虑。并行关系型数据库支持 Share Nothing 集群系统，提高了系统的可伸缩性，多用于数据分析应用中，以读操作为主，写操作数量较少，并且多是批写，支持传统应用和商业智能工具。

其次，共享磁盘数据库架构也是理想的云数据库。共享磁盘数据库允许低成本的服务器集群使用一个单一的数据采集，通常提供了一系列的存储区域网络（SAN）或附加存储（NAS）的网络。共享磁盘数据库除了具有支持弹性可扩展性，还充分利用了服务器的 CPU 资源，从而延长了现有服务器的寿命，因为它们不需要提供尖端的性能；并且在服务器上的一个共享磁盘上的数据库部分可以单独进行升级，同时保持在线的群集；还具有高可用性，由于在共享磁盘数据库中的节点是完全可以互换的，可以失去节点和降低性能，但系统保持运行；降低支持成本（云数据库的好处之一是，他们转向了低级别的 DBA 功能，所有用户数据库采用集中管理的方式）。因此共享磁盘数据库的 DBA 分离和应用是理想的云数据库的功能。同时，共享磁盘数据库也提供无缝的负载平衡，进一步降低在云环境中的支持成本。

以上所提的数据库都是非关系型数据库，随着互联网 Web 2.0 网站的兴起，非关系型数据库的应用就是云数据库的发展趋势。

6.6　小　结

本章首先介绍了云计算数据库的研究现状和基本思想，然后介绍了云数据库的关键技术及其实现。在分析了关系型数据库在当今云计算应用下的劣势后，提出了非关系型数据库——NoSQL 数据库。关系型数据库越来越无法满足云计算的应用场景，为了解决此类问题，非关系型数据库应运而生。本章最后讨论了云数据库的安全及其发展趋势。NoSQL 数据库仍存在一些不足，更好的数据库等待我们去开发。

习　题　6

6-1　简述云数据库的关键技术。

6-2　简述关系型数据库的劣势。

6-3　简述 NoSQL 数据库的优劣势。

第 7 章　云计算的实用化

7.1　云计算产品

7.1.1　云计算服务器

从广义上来看，普通的服务器或 PC 都能成为云计算的一员，但从专业的角度和云计算服务器发展的角度来看，在超大横向扩展的云计算环境和服务器整体功耗日益受到关注的情况下，理想化的云计算服务器要求兼具低功耗和高性能（特别是存储性能），而要完美地达到这样的目标却很难，所以目前一些厂商对这方面的产品开发进行了尝试。

1. 惠普 ProLiant SL 服务器

惠普 ProLiant SL 服务器由一个开放式 2U 机架构成，其中包括风扇、电源和任务特定的服务器节点（可直接接入硬件的滑轨中）。HP ProLiant SL 机架可匹配来自惠普或第三方的任何一种标准机架。惠普率先推出的三款服务器节点分别是 ProLiant SL2x170z、SL160z、SL170z。惠普还在 ProLiant SL 产品线中提供了管理软件和服务选配项。这些惠普服务器解决方案为需要超强扩展能力的客户提供了优惠，可共享电源和风扇，并具备出色的灵活性，因此能大幅降低企业成本，提高电源效率，让用户更方便地跨入云计算领域。

2. 戴尔云计算服务器 XS11 - VX8

戴尔云计算服务器 XS11 - VX8 是戴尔云计算战略部署的重要组成部分。戴尔携手威盛在云计算服务器 XS11 - VX8 中首次采用了威盛的低功耗处理器 Nano。由于采用了 Nano 处理器，XS11 - VX8 实现了惊人的计算密度和功耗表现——其在 2U 的空间内可以部署 12 个计算单元，同时，其整机功耗也只有传统服务器的 1/10。基于此，XS11 - VX8 的性价比很高，即使和白牌服务器相比，XS11 - VX8 的总体拥有成本低于 34%。对于终端用户来讲，应用成本的降低以及应用自由度的增加是云计算所带来的基本价值。

7.1.2　云计算操作系统

在云计算时代，用户只需要一种基于 Web 的操作系统，就能通过互联网利用分布在各地的数据中心实现性能运算，强大的终端将变得不再必要，而一个移动终端所实现的运算能力就可远超现在的"高性能 PC"。

1. 微软 Windows Azure 云操作系统

图 7 - 1 是 Windows Azure 平台。Windows Azure 是微软于 2008 年发布的云计算服务的操作系统，运行在微软的全球数据中心上，提供微软各种软件的网络版本应用，是微软所有云计算战略的基础。它包含从 Live 服务到数据服务，Windows Azure 把微软的"S＋S"（软件＋服务）战略推入新的层次，直接和 Amazon、Google、IBM 这些云计算提供

商的产品竞争。Windows Azure 正式版于 2010 年发布，微软表示各种 Azure 应用软件都将运行在公司的数据中心上，并依据用户所获取的数据量进行收费。

图 7 - 1　Windows Azure 平台

2. Google 云操作系统

Google Chrome OS 是 Google 的云操作系统，迅速、简洁、安全是 Google Chrome OS 的重要特征，用户不用担心病毒、恶意软件、木马、安全更新等问题。Google Chrome OS 同时提供对 Intel x86 以及 ARM 处理器的支持，软件结构简单，可以理解为在 Linux 的内核上运行一个使用新的窗口系统的 Chrome 浏览器。

7.2　云计算的应用

7.2.1　云计算在国外人才管理社区的应用

2009 年，一体化人才管理解决方案领域中的领导者——美国 Taleo 公司推出了全球最大的人才网格管理社区，其人才网格集成了云计算和社交网络的力量。Taleo 的独特之处在于对"云计算"的利用。Taleo 的人才网格是第一个基于云计算的社区，它能提供符合"云"特点的服务，用户能通过网络以按需、易扩展的方式获得所需的资源（包括硬件、平台、软件、信息、人才等），"云"中的资源在使用者看来是可以无限扩展的，并且可以随时获取、按需使用、随时扩展、按使用付费，用户可像使用水、电一样使用 Taleo 人才网格社区中的基础设施。

Taleo 的人才网格社区具有相当大的规模，构成人才网格基础的关键资产包括超过 1.75 亿的求职者、每个季度 50 万个新的工作岗位和 1300 万个申请者、4100 个全球客户（包括 46 个财富 100 强企业）、70 个合作伙伴、开放的集成平台及全球规模最大的基于云计算的基础软硬件设施。

7.2.2　云计算在电力系统中的应用

电力系统是具有分布参数的超级系统。由于电力本身的特点，电能不能大规模储存，发、输、变、配、用必须同时完成；电力生产控制要求实时性强、可靠性高，具有自然分布的特性。由于云计算具有计算和存储能力强大、系统可动态扩展、便于计算资源共享和优化配置、便于软件开发和升级、便于用户使用等诸多优点，因而在电力系统中有着广阔的应用前景。

智能电网，即充分利用现代信息和通信技术，在发展电网数字化和自动化的基础上，不断深化发电、输电、变电、配电、用电和调度环节的数据采集、传输、存储和利用，实现数据采集数字化、生产过程自动化、业务处理互动化、经营管理信息化、战略决策科学化。对于大规模电力系统而言，时域仿真的计算量很大，目前只能应用于离线分析；停电后的电力系统恢复是一个很复杂的非线性优化问题。随着电力工业市场化改革的深入和分布式电源不断引入电力系统，未来电力系统有从集中式控制向分布式控制转变的趋势。电力系统私有云——"智能云"将在电网智能化的进程中发挥积极的作用，整合企业内部的软、硬件资源，提高资源配置的效率，从而大大提高仿真计算速度和预测事故数目，为电力系统所有成员提供共享平台，促进各子系统协作，并有助于找到复杂互联系统的最优恢复方案和大范围实时监控与信息采集。

随着电力企业办公信息化、智能化、自动化的发展建设，电力系统员工都以个人计算机来满足办公需要，电力系统各业务应用都部署有专属的软硬件设备及存储设备，这种模式存在着资源利用率低、设备维护困难、信息安全风险高等缺点。智能云透过电力系统内网将庞大的计算处理自动拆分成小计算块，再交由多台服务器所组成的庞大系统进行计算分析，之后将处理结果返回给用户。通过智能云，在极短的时间内可以处理数量巨大的信息，达到超级计算机的服务水平。智能云的目的是将运行的电网节点或单个计算机上的运算前移到系统内数量庞大的"智能云"内，由云来处理该点或计算机的请求。电力系统"智能云"能够根据应用切换资源，根据需求访问计算机和储存资源，为电力系统各种复杂计算问题的解决提供新途径，有助于实现电力系统在线运行分析与优化控制。

电力系统部署面向智能电网的智能云计算平台，要与企业数据中心、网络存储、信息安全防护等系统进行无缝集成，保护已有的投资，最大限度地利用当前电力系统信息网络的物理架构，为当前的任务分配计算和储存资源，不断完善和优化智能云计算平台，最终实现信息资源的优化共享。

7.2.3　云计算与高校资源共享管理

高校资源是高校正常运作、保障师生进行工作和学习的基础，能否高效地配置和利用资源直接影响高校的教学水平。但是，不同高校的硬件或软件发展不平衡，即使是在同一高校内，不同院系和专业之间也存在资源利用和分配不协调的问题。利用云计算可解决高校资源共享的问题。

1. 问题分析

自 20 世纪 90 年代以来，我国相继推出"211"计划、"985"计划等重点科教兴国工程，以推动我国高等教育的发展。可是，由于地域经济发展不平衡等诸多原因导致现在高校数字资源相对短缺。高校数字资源主要是高校数字图书馆的资源，包括订购的数据库、学校的网络课程以及电子图书等。数字图书馆本身就带来了不错的资源共享方式，但仍然无法做到百分百共享和最高的经济效益。目前高校图书馆资源建设存在以下一些问题：

（1）纸质资源和数字资源不能相互补充。对一个图书馆来说，往往数字资源的数据不能和纸质资源的数据进行一对一的查重,在这种情况下,大量地购进数字资源会造成资源浪费。

(2) 数字资源相互独立,重复建设率高。馆与馆之间的数字资源和纸质资源都是相对独立的,在建设过程中没有考虑到其他馆是否在这一领域已建设成功,埋头建立本馆的数字资源,会使重复建设所花费的人力、财力增多。

(3) 信息资源共享有局限性。图书馆资源的共享往往局限在一些对口的、接口相同的数据资源上,而那些大馆与小馆之间的数据建设有很多区别。这种局限性会导致大馆的数据和小馆的数据不能相通,从而无法实现资源共享。

(4) 数据库无法发挥最大化经济效益。各大高校纷纷订购自己的数据库资源,不同的高校有不同需求类型的数据库,同时,即使订购同一数据库的不同高校对数据库的利用程度也是不一样的。比如,某一综合性大学订购了某测绘科学的数据库,同时某一工科类测绘专业的大学也订购了同一数据库,很明显这两所大学对这个数据库的使用要求是不同的,但是他们都花了一定的费用才能使用此资源,设想如果他们能共用同一数据库,就能花较少的资金满足各自的数字资源需求。但是,由于校际图书馆之间的协作以及数据库提供商方面都存在一些利益方面的冲突,使得数据库资源很难发挥最大化的社会与经济效益。

2. 云计算的作用分析

云计算的提出使我们用全新的视角去审视目前的高校资源共享方式,云计算的思想和理念势必为高校资源共享带来变革。

(1) 云计算提高硬软件共享能力。云计算技术的一个突出特点就是最小化终端设备的配置要求。如此一来,高校的硬件资源包括实验室电脑、服务器,甚至个人电脑都可能在一个云计算网络中,不同的用户只要通过这个"云"网络就能访问这些资源。用户无论是办公、学习还是日常生活,只要有应用需求,都能通过这个理想的网络调用资源,获取服务。

(2) 云计算提高信息安全。云计算可为高校的数字资源带来前所未有的安全性和可靠性。高校的数字图书馆集中在云计算网络众多集群服务器中,我们不必担心因为个人疏忽造成的数据丢失、硬件损坏,或是计算机病毒和网络黑客入侵带来的数据安全问题。曾经有人担心将自己的数字资源放在那些我们无法知晓或控制的位置,会给我们带来巨大的风险。这个担心有一定的道理,但是,只要对云计算网络进行严格的控制,制定明确合法的网络协议,再加上相关职能部门加强监控,云计算网络是可以保证安全的(至少比存在个人电脑或学校实验室的 PC 和服务器上安全),因为云计算的存储服务将我们面对的数据安全风险分散到广大的"云"网络服务器中,信息安全得到很大程度的提高。

(3) 云计算提高校际数据库资源共享能力。数字图书馆技术普及之后,许多有条件的高校建立了数字图书馆,为广大师生提供了高质量的信息服务,并取得了良好的社会效益。但校际间没有好的数字图书馆公共平台,校际数据库资源共享能力较低,这使得数字图书馆的资源无法最优化利用。一些优势资源往往掌握在实力雄厚的高校中,而普通高校想要获得优质资源,就需要花费昂贵的费用向数据库提供商购买,而购买之后也许会发现本校用户需求并不太多,这样必然造成资源的浪费和高校教学成本的增加。

云计算可能为高校提供一个这样的方案:某一地区(也可以是一个城市、一个省,甚至是一个国家)内的高校联合起来通过云计算网络,建立统一的接口,这些高校的用户就可以通过这样的统一接口进入数据库，获取所需的信息；而各校的图书馆也可以将自己的特色资源上传至"云"中，分享给不同高校的用户。

3．校际数据库共享云方案

虽然有了利用云计算共享高校数据库资源的这个设想，但是目前云计算还处于发展阶段，其主要应用集中在商业领域，怎样用云计算的技术与方法来构建校际数据库共享云网络，还需要不断地研究与创新。

1）校际数据库资源共享困局

利用云计算实现校际数据库资源共享仍然存在一些待解决的问题。

首先，云计算虽然在商界有了一些比较成功的案例，但云计算领域没有统一的标准，相应的法规和制度没有跟上技术创新的步伐。目前，我们只能从实践中试图寻找适合云计算的网络协议和规范云计算服务的规章制度。

其次，云计算本身也不是完美的，它也存在一些问题。国外研究机构 Gartner 在 2008 年发布的一份名为"云计算安全风险评估"的报告中列出了云计算的七大风险，即特权用户的接入、可审查性、数据位置、数据隔离、数据恢复、调查支持和长期生存性，这使我们在构建校际数据库资源共享云计算网络时需要注意一些问题。

（1）网络质量问题。由于云计算是客户端性能最小化、在云计算网络中完成的高效信息处理，这对云计算集群服务器的性能有较高的要求，同时，网络中的通信设施应具备高性能，才能保证云计算的服务高质量地传给需要的用户。所以，在构建云计算服务平台时，一定要保证网络硬件，特别是通信设施能够稳定、持久地支持高带宽、高质量的信息传输。

（2）所需经费问题。云计算网络的搭建不是一件简单的工程，在建设时需要很大的资金支持。特别是在各高校联合建设的情况下，高校间如何合理地控制成本、分配权力和义务，需要很好地协商才能解决。不同高校的需求不一样，获取的服务质量会有一定的区别，即要筹集资金又要满足不同高校的利益是一件很不容易的事。

（3）数据安全问题。云计算基于虚拟化，用户在使用云计算服务时往往不知道自己的数据存放的物理位置，这样会带给用户对信息安全的担心，所以需要设计一种可靠的方案，以确保各校信息资源的安全。

（4）服务商利益问题。如果校际数据库资源共享云计算网络成功运行，对目前数据库提供商来说是个不幸的消息，因为他们一旦提供了一种数据库服务之后，共享网络中的各高校就能通过云计算网络分享到此数据库服务。同时，这也带来了知识产权方面的问题。所以，我们既要最大程度地共享资源，又要尊重知识产权，维护自身和数据库服务商的合法权益。我们需要研究出可行、合法的机制，保证这一共享云计算网络的正常运行。

2）云计算网络服务委员会方案

对于云计算服务的讨论，人们提的最多的并不是技术上的难度，而是人文的、社会的、经济的、法律的问题。对于高校间通过建立云计算网络来达到数据库资源共享的设想，需要解决的关键问题也是云计算服务在经济、法律等方面出现的难题。

建议在高校间协商成立一个云计算网络服务委员会（以下简称"云委员会"），这个委员会的成员应该包括高校代表、政府部门代表以及数据库服务商代表。成立此委员会的目的在于协调各方利益，制定合理的云计算服务方案和付费方案，还有对用户获取服务的行为进行规范，对非法用户和违规操作进行管制。

云委员会的主要职能可概括为以下几点：

（1）制定服务协议。在商业领域，有 Amazon 云计算服务的 SLA（服务等级协议）这一成功实践在先，云委员会可以借鉴其思想，即根据不同的服务质量收取不同的费用来制定适合此云计算共享网络自己的 SLA。同时，还要结合现有的网络协议，优化网络服务质量，支持网络正常运作。

（2）管理日常运营。当"云"开始运营之后，云委员会需要制定相关的运营章程，以管理整个云计算网络。既要保证高质量的服务，又要提供较高的信息安全性。所以，云委员会还要制定可行的安全机制，定期做风险评估，维护和更新软硬件。

（3）推广服务市场。"云"的一大特点就是拥有几乎无限的扩展性。我们建设的这朵"云"最初是为高校资源共享服务的，云委员会有义务不断地将这种新的共享模式推广到更多的高校，服务更多的用户，同时也可带来更可观的经济效益。

整个云服务的虚拟结构如图 7-2 所示。

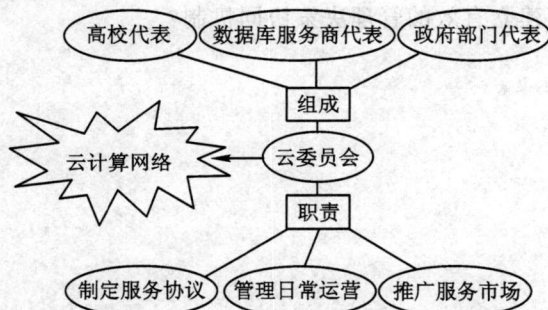

图 7-2　云服务的虚拟结构

7.2.4　国内云计算的应用

国内最大的互联网基础服务厂商——世纪互联，在 2009 年 1 月正式发布了国内首个基于云计算技术的产品线——CloudEx。CloudEx 产品线包括完整的互联网弹性主机服务"CloudEx Computing Service"、基于在线存储虚拟化的"CloudEx Storage Service"、供个人及企业进行互联网云端备份的数据保全服务等全系列互联网云计算服务。

世纪互联推出的云计算服务品牌完全建立在 CloudEx.Crl 网站平台之上。而世纪互联云计算旗下产品弹性主机服务类似美国亚马逊提供的 EC2 云计算服务。

作为成熟产品，世纪互联提供了各种档次的弹性主机配置，以适应各种不同级别用户的需求，并在全国各地选择合适的地点部署 CloudEx 产品服务。网站的访问速度、安全、性能、可用性等问题均交给 CloudEx 来解决，而世纪互联云计算客户只需要按使用量来支付费用。CloudEx 真正为客户节省了额外的支出。

7.3　小　结

云计算的出现为计算机界带来了新的热门，同时使我们对未来网络信息服务产生了无尽的遐想,把云计算的技术与方法运用到高校资源共享平台的建设中,不但可以提高高校资源的利用率,节约高校资源,提高高校的教学水平,而且还可以为云计算带来新的应用领域,使云计算服务更加贴近我们的生活和学习,让我们切身感受到科技给我们带来的巨大变革。虽然实现高校资源共享的云计算网络的技术和方案还不够成熟,但我们完全有理由去设想利用云计算高效的运算处理能力和无限的存储能力来实现高校资源共享这一目标。

习　题　7

7-1　简述云计算所使用的服务器和操作系统。

7-2　云计算如何在高校管理中应用?

7-3　国外人才社区是如何应用云计算的?

7-4　电力系统如何应用云计算进行管理调度?

7-5　云计算如何建立有效的管理决策协同机制?

第 8 章 云 制 造

云制造是在云计算提供的 IaaS(基础设施即服务)、PaaS(平台即服务)、SaaS(软件即服务)基础上的延伸和发展,它丰富、拓展了云计算的资源共享内容、服务模式和技术。

8.1 云制造的提出背景及定义

8.1.1 云制造的提出背景

制造的服务化、基于知识的创新能力,以及对各类制造资源的聚合与协同能力、对环境的友好性已成为当前企业竞争力的关键要素和制造业信息化发展的趋势。我国制造业正处于从生产型向服务型、从价值链的低端向中高端,从制造大国向制造强国、从中国制造向中国创造转变的关键历史时期。如何培育新型制造服务模式,满足制造企业最短的上市速度(Time)、最好的质量(Quality)、最低的成本(Cost)、最优的服务(Service)、最清洁的环境(Environment)和基于知识(Knowledge)的创新即 TQCSEK 的需求,支撑绿色和低碳制造,实现中国创造,进而推动经济增长方式的转变,是未来 5 至 10 年我国制造业发展需要解决的重大问题。

从"八五"到"十一五",我国科技部及相关部门支持了以计算机集成制造、并行工程、敏捷制造、虚拟制造、网络化制造、制造网格等为代表的相关制造业信息化课题,并且已取得了一系列成果,在制造业各个领域发挥了重要作用,对推进我国制造业信息化进程做出了巨大贡献。然而,如何在制造过程中整合社会化存量资源,提高资源利用率,降低能源消耗,减少排放,从而实现服务型制造,仍然是我国制造业迫切需要解决的瓶颈问题。解决这些问题,需要探索新的制造业发展模式。

与此同时,以云计算、物联网、虚拟物理融合系统 CPS(Cyber-Physical Systems)、虚拟化技术、面向服务技术(如知识服务、服务技术等)、高性能计算等为代表的先进技术正迅猛发展,并在各个行业得到应用。

在这种背景下,李伯虎院士及其研究团队于 2009 年 6 月首次提出了云制造的概念,并于 2010 年 1 月在《计算机集成制造系统》第一期公开发表了第一篇关于云制造的学术文章,系统阐述了云制造的内涵、理论体系与技术框架等。

8.1.2 云制造的定义

云制造是一种面向服务的、高效低耗和基于知识的网络化智能制造新模式,是对现有网络化制造与服务技术进行的延伸和变革。它融合现有信息化制造技术及云计算、物联网、语义 Web、高性能计算等信息技术,将各类制造资源和制造能力虚拟化、服务化,构成制造资源和制造能力池,并进行统一的、集中的智能化管理和经营,实现智能化、多方共赢、普适化和高效的共享与协同，通过网络和云制造系统为制造全生命周期过程提供可随时获取的、按需使用的、安全可靠的、优质廉价的智慧服务。云制造是一种通过实现制造资源和制造能力的流通从而达到大规模收益、分散资源共享与协同的制造新模式，其运行原理如图 8-1 所示。

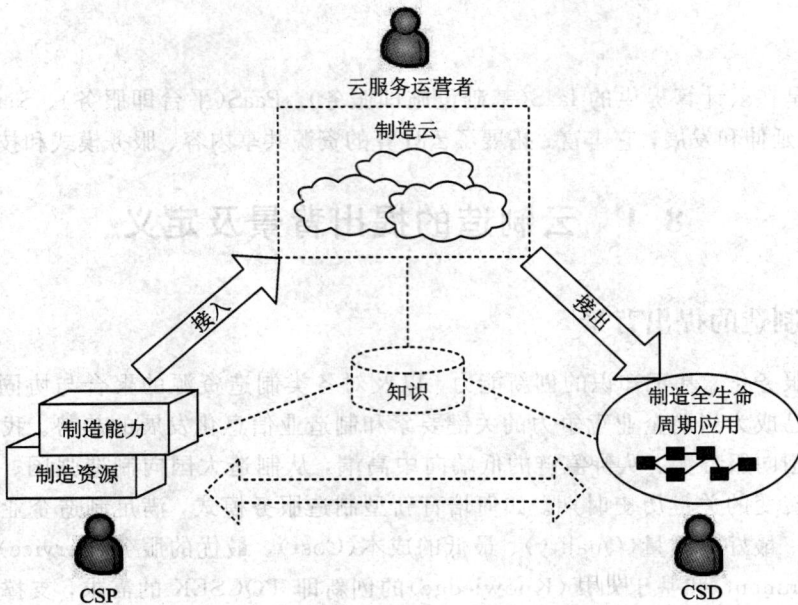

图 8-1　云制造的运行原理图

从图 8-1 中可以看出，云制造系统中的用户角色主要有三种，即云服务提供者（Cloud Service Provider，CSP）、云服务运营者、云服务使用者（Cloud Service Demander，CSD）。CSD 通过对产品全生命周期过程中的制造资源和制造能力进行感知、虚拟化接入，以服务的形式提供给第三方运营平台（云服务运营者）；云服务运营者主要实现对云服务的高效管理、运营等，可根据 CSD 的应用请求，动态、灵活地为其提供服务；CSD 能够在制造云运营平台的支持下，动态按需地使用各类应用服务（接出），并能实现多主体的协同交互。在制造云运行过程中，知识起着核心支撑作用，知识不仅能够为制造资源和制造能力的虚拟化接入和服务化封装提供支持，还能为实现基于云服务的高效管理和智能查找等功能提供支持。

8.2　云制造的特征及应用方向

8.2.1　云制造的特征

云制造具有以下典型特征：

（1）面向服务和需求的制造。云制造一改制造长期以来面向设备、面向资源、面向订单、面向生产等的形态，真正转为面向服务、面向需求。在云制造中，一切能封装和虚拟化的都作为制造云服务（包括制造资源作为服务、制造能力作为服务、制造知识作为服务等），这种大转变是作为实现生产型企业向服务型企业转变、实现制造即服务（Manufacturing as a Service，

MFGaaS)的基础。

(2)不确定性制造。云制造中,云服务对制造需求的满足不存在唯一的最佳解,而是到目前为止用现有技术和方法能得到的满意解或非劣解,这就是云制造的不确定性制造能力,包括云制造任务的描述、任务与云服务的映射匹配、云服务选取与绑定、云服务组合选取、制造结果评价等环节中的不确定性。

(3)用户参与的制造。云制造强调把计算资源、能力、知识嵌入到网络、环境中去,使得制造企业关注的中心转移或回归到用户需求本身。云制造致力于构建一个制造企业、客户、中间方等可以充分沟通的公用制造环境。在云制造模式下,用户参与度不仅限于传统的用户需求提出和用户评价,而是渗透到制造全生命周期的每一个环节。云制造模式下,客户或用户的身份不具备唯一性,即一个用户即是云服务的消费者,也是云服务的提供者或开发者,体现的是一种用户参与的制造,包括人机交互、机人交互、机机交互以及人人交互等。

(4)透明和集成的制造。云制造把所有制造资源、能力、知识等尽可能高度抽象和虚拟化为用户可见和容易调用的“电源接线板”,即制造云服务,而其他东西对用户透明。用户在使用云服务开展各类制造活动时,这些服务的调用是透明的,即所有制造所实现的操作细节可以向用户“隐藏”起来,使用户将云制造系统看成是一个完全无缝的集成系统。云制造的透明性可以体现在位置透明性、注册透明性和使用透明性等方面。

(5)主动制造。现有制造模式中,如果企业没有生产订单或自己的设备等资源闲置,则无法开展制造或享受资源收益,即体现的是一种被动的制造模式。而在云制造中,制造活动和云服务具有主动性,即用户根据第三方构建的云制造服务平台,在知识、语义、数据挖掘、机器学习、统计推理等技术的支持下,订单可以主动寻找制造方,而云服务可以主动智能寻租,从而体现一种智能化的主动制造模式。

(6)支持多用户的制造。传统网络化制造模式(如 ASP、制造网格等)研究的重点是如何使分散的制造资源通过网络连接起来,从而形成虚拟的集中资源,并将一个复杂制造任务分解成若干简单任务,通过调度机制使得这些简单任务并行运行在不同制造资源节点上,最后汇集执行结果,体现的是一种“分散资源集中使用”的思想。而云制造不仅体现“分散资源集中使用”的思想,还有效实现“集中资源分散服务”的思想,即将分散在不同地理位置的制造资源通过大型服务器集中起来,形成物理上的服务中心,进而为分布在不同地理位置的多用户提供服务调用、资源租赁等。

(7)支持按需使用和付费的制造。云制造是一种需求驱动、按需付费的面向服务的制造新模式。云制造模式下,用户采用一种需求驱动、用户主导、按需付费的方式来利用制造云服务中心的云服务。用户根据自身的需要来调用或组合调用已有的云服务并支付相应的费用,而且用户不需要过多关注制造资源服务提供者的自身信息,用户和制造资源提供者是一种即用即组合、即用即付、用完即解散的关系。

(8)低门槛、众包式制造。传统制造企业必须拥有自己的厂房、设备、物料、信息化设施、技术人员等全套制造条件,同时必须具备相应的设计、制造、管理、销售等能力。而云制造模式下,企业不需要拥有这些条件和能力,对企业没有的制造资源或能力可以通过“外包”的形式来达到,即通过调用或租用云制造系统中的资源、能力、云服务来完成本企业的生产任务,从而降低了企业的入门门槛,使生产和企业组织方式更加灵活、多元化。

(9)敏捷化制造。云制造模式下,企业只需要重点关注本企业的核心服务,而其他相关业务或服务则可以通过调用云制造中的云服务来完成，其生产方式非常灵活，体现了一种敏捷化的制造思想。

（10）专业化制造。云制造通过第三方构建的平台，将所有制造资源、能力、知识虚拟化成云滴（即制造云服务），最后聚合形成不同类型的专业制造云（如设计云、仿真云、管理云、实验云等），体现了规模化、集约化、专业化的特点。

（11）基于能力共享与交易的制造。与传统网络化制造相比，云制造共享的不仅仅是制造资源，还有制造能力，在相应知识库、数据库、模型库等的支持下，实现基于知识的制造资源和能力虚拟化封装、描述、发布与调用，从而真正实现制造资源和能力的全面共享与交易，提高了利用率。

（12）基于知识的制造。云制造全生命周期过程离不开知识的应用，包括基于知识的制造资源和能力虚拟化封装与接入，云服务描述与制造云构建，云服务搜索、匹配、聚合、组合，高效智能云服务调度与优化配置，容错管理、任务迁移，云制造企业业务流程管理等。

（13）基于群体创新的制造。云制造模式下，任何个人、任何单位或企业都可以向云制造平台贡献他们的制造资源、能力和知识。而与此同时，任何企业都可以基于这些资源、能力、知识来开展本企业的制造活动，云制造体现的是一种维基百科式的基于群体创新的制造模式。

（14）绿色、低碳制造。云制造的目标之一是围绕 TQCSEK 目标，实现制造资源、能力、知识的全面共享和协同，提高制造资源利用率，实现资源增效。实现了云制造，实际上就是在一定程度上实现了绿色和低碳制造。

8.2.2　云制造的应用方向

云制造的应用方向主要体现在以下几个方面：

（1）针对大型集团企业的研发设计能力服务平台。针对大型集团企业，利用网格技术等先进信息技术，整合集团企业内部现有的计算资源、软件资源和数据资源，建立面向复杂产品研发设计能力服务平台，为集团内部各下属企业提供技术能力、软件应用和数据服务，支持多学科优化、性能分析、虚拟验证等产品研制活动，极大促进产品创新设计能力。这类服务平台主要是面向集团内部下属企业的。

（2）区域性加工资源共享服务平台。中国已经成为当今世界上拥有制造加工资源最丰富的国家，可针对制造资源分散和利用率不高的问题，利用信息、虚拟化、物联网以及 RFID 等先进技术，建立面向区域的加工资源共享与服务平台，实现区域内加工制造资源的高效共享与优化配置，促进区域制造业发展。

（3）制造服务化支持平台也是将来云制造可以重点发展的方向之一。针对服务成为制造企业价值主要来源的发展趋势，我们可以建立制造服务化支持平台，支持制造企业从单一的产品供应商向整体解决方案提供商及系统集成商转变，提供在线监测、远程诊断、维护和大修等服务，促进制造企业走向产业价值链高端。这类平台主要针对大型设备使用企业。

（4）制造更可以服务于量大面广的中小企业。针对中小企业信息化建设资金、人才缺乏的现状，可以建立面向中小企业的公共服务平台，为其提供产品设计、工艺、制造、采购和营销业务服务，提供信息化知识、产品、解决方案、应用案例等资源，促进中小企业发展。

（5）建立物流拉动的现代制造服务平台。可针对我国制造业物流成本高等现状，利用 RFID、网络、物流优化等技术，研究整机制造企业、零部件制造企业和物流企业的多方协作模式与第三方服务模式，建立物流拉动的现代制造服务平台，为制造业整机制造企业、零部件制造企业和物流企业协作提供服务，促进制造业发展。

8.3 云制造的体系结构及技术体系

8.3.1 云制造的体系结构

云制造的体系架构如图 8-2 所示。该架构主要包括以下五个层次：物理资源层（P-Layer）、虚拟资源层（R-Layer）、核心服务层（S-Layer）、应用接口层（A-Layer）和应用层（U-Layer）。

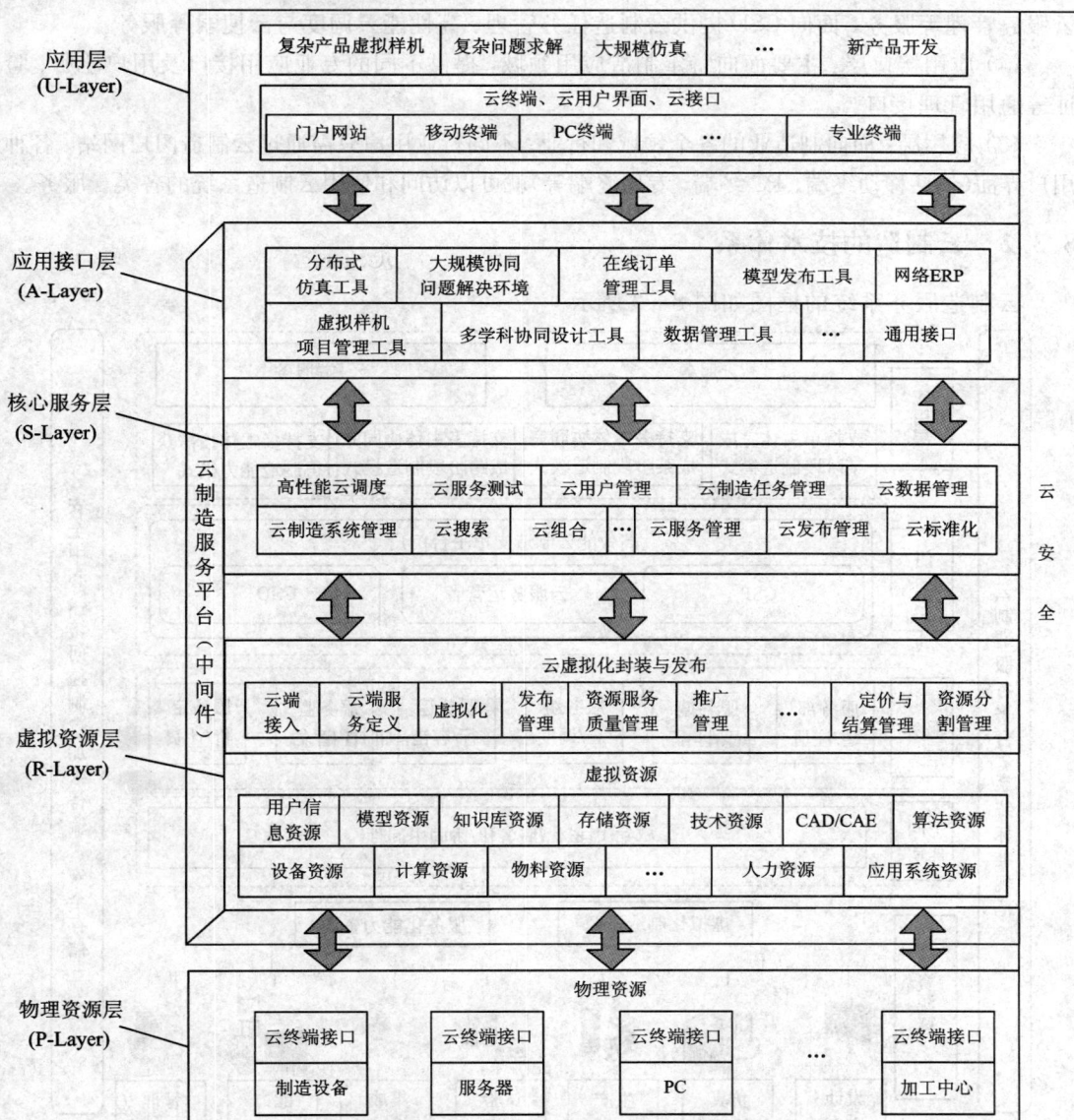

图 8-2 云制造的体系架构

（1）物理资源层：通过嵌入式云终端技术和物联网技术，使各类物理资源能够接入到网络中，实现制造物理之间全面的互联，并且为云制造提供接口支持。

（2）虚拟资源层：将接入到网络中的各类制造资源汇聚成虚拟制造资源，并通过云端服务定义工具、虚拟化工具等，将虚拟制造资源封装成云服务，发布到云层中的云制造服务中心。虚拟资源层提供的主要功能包括云端接入、云端服务定义、虚拟化、发布管理、资源服务质量管理、定价与结算管理和资源分割管理等。

（3）核心服务层：主要面向云制造三类用户（CSP、CSD、云服务运营者），为制造云服务的综合管理提供各种核心服务和功能，包括面向 CSP 提供云服务标准化与测试管理、接口管理等服务，面向云服务运营者提供云用户管理、云制造系统管理、云服务管理、云数据管理、云服务管理等服务，面向 CSD 提供云制造任务管理、高性能云调度与云搜索等服务。

（4）应用接口层：主要面向特定制造应用领域，提供不同的专业应用接口及用户注册、验证等通用管理接口。

（5）应用层：面向制造业的各个领域和行业。不同行业用户只需通过云制造门户网站、各种用户界面（包括移动终端、PC 终端、专用终端等）就可以访问和使用云制造系统的各类云服务。

8.3.2　云制造的技术体系

云制造服务系统的框图如图 8-3 所示。

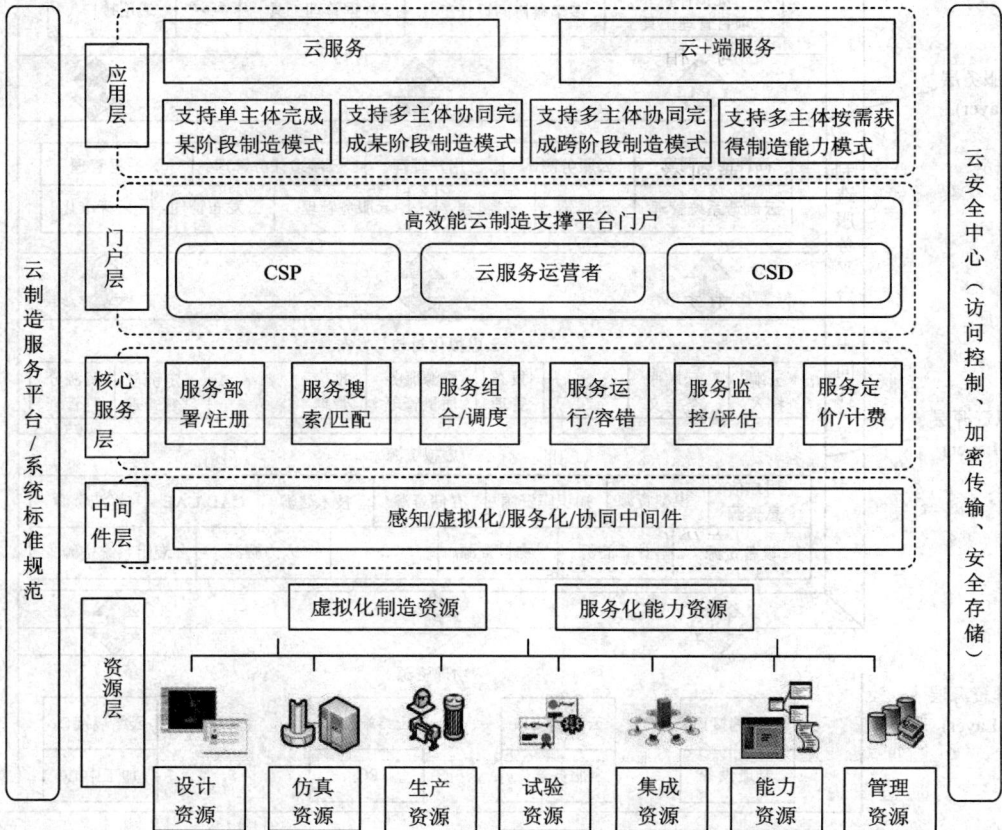

图 8-3　云制造服务系统的框图

云制造服务系统为层次化体系架构,包括资源层、中间件层、核心服务层、门户层和应用层等。云制造服务平台由中间件层、核心服务层和门户层组成。

资源层:涵盖了设计资源、仿真资源、生产资源、试验资源、集成资源、能力资源以及管理资源等,向上体现为虚拟化制造资源和服务化能力资源两种形态。

中间件层:支持各类资源的虚拟化、服务化、接入、感知、协同的中间件。

核心服务层:基于中间件层的接口,提供云制造服务平台至关重要的各类功能,包括服务部署/注册、服务搜索/匹配、服务组合/调度、服务运行/容错、服务监控/评估以及服务定价/计费。

门户层:为统一的高效能云制造支撑平台门户,为 CSP、CSD、云服务运营者三类用户使用。通过网页浏览器进入门户,用户就可以使用一系列的制造资源和能力。

应用层:提供支持单主体完成某阶段制造、支持多主体协同完成某阶段制造、支持多主体协同完成跨阶段制造以及支持多主体按需获得制造能力四种应用模式。应用层提供云服务以及云+端服务两种使用方式。

云制造相关的关键技术构成了较完整的云制造技术体系,如图 8-4 所示。

图 8-5 给出了云制造涉及的主要关键技术的分类,以及每个技术大类的含义与主要内容。

(1) 云制造模式、体系架构、相关标准及规范:主要是从系统的角度出发,研究云制造系统的结构、组织与运行模式等方面的技术,同时研究支持实施云制造的相关标准和规范。云制造模式、体系架构、相关标准及规范具体包括:①支持多用户的、商业运行的、面向服务的云制造体系架构;②云制造模式下制造资源交易、共享、互操作模式;③云制造相关标准、协议、规范等,如云服务接入标准、云服务描述规范、云服务访问协议等。

(2) 云端化技术:主要研究支持参与云制造的云提供端的各类制造资源实现嵌入式云终端封装、接入、调用等技术,以及云请求端接入云平台,并访问和调用云平台中的云服务等技术。云端化技术具体包括:① 云提供端物理设备嵌入式接入技术、云计算互接入技术等;② 云终端服务虚拟化技术;③ 云请求端接入、管理技术,即支持云用户使用云服务的技术等;④ 物联网技术等。

(3) 云服务综合管理技术:主要研究支持云服务运营商对云端服务进行接入、发布、组织与聚合、管理与调度等综合管理操作。云服务综合管理技术具体包括:① 云端服务的接入管理技术,包括统一接口定义与管理、认证管理等;② 高效、动态的云服务组建、存储方法;③高效能、智能化云制造服务搜索与动态匹配技术;④ 云制造任务动态构建与部署、分解和云服务协同调度优化配置方法;⑤ 云制造服务模式应用推广技术,云用户(包括 CSP 和 CSD)管理、授权机制等技术。

(4) 云制造安全技术:主要研究支持如何实施安全的、可靠的云制造技术。云制造安全技术具体包括:① 云终端嵌入式可信硬件;② 云终端可信接入技术;③ 云制造可信网络技术;④ 云制造可信运营技术;⑤ 系统和数据可靠性技术等。

(5) 云制造业务管理模式与技术:主要研究云制造模式下企业业务和流程管理相关的技术。云制造业务管理模式与技术具体包括:① 云制造模式下企业业务流程的动态构造、管理与执行技术;② 云服务的成本、定价、运营策略以及相应的电子支付技术;③ 云制造模式下三方用户(CSD、CSP、云服务运营者)的信用管理机制与实现技术等。

```
                                    ┌─────────────────────────────────────────┐
                          ┌─────────┤        云制造运营、组织、交易模式           │
                  ┌───────┤         ├─────────────────────────────────────────┤
                  │ 总体技术 │         │      云制造服务平台开发与应用标准规范        │
                  └───────┤         ├─────────────────────────────────────────┤
                          └─────────┤     云制造服务平台与系统的体系架构          │
                                    └─────────────────────────────────────────┘

                                    ┌─────────────────────────────────────────┐
                  ┌────────────────┐├─────────┤ 基于RFID/无线传感器网络等的智能感知技术 │
                  │ 云制造资源感知与接入技术 │        ├─────────────────────────────────────────┤
                  └────────────────┘├─────────┤  面向物联网/CPS的资源接入适配器技术        │
                                    ├─────────────────────────────────────────┤
                                    └─────────┤  海量感知数据的动态采集、分析与预处理技术   │
                                    └─────────────────────────────────────────┘
```

图 8-4 云制造技术体系

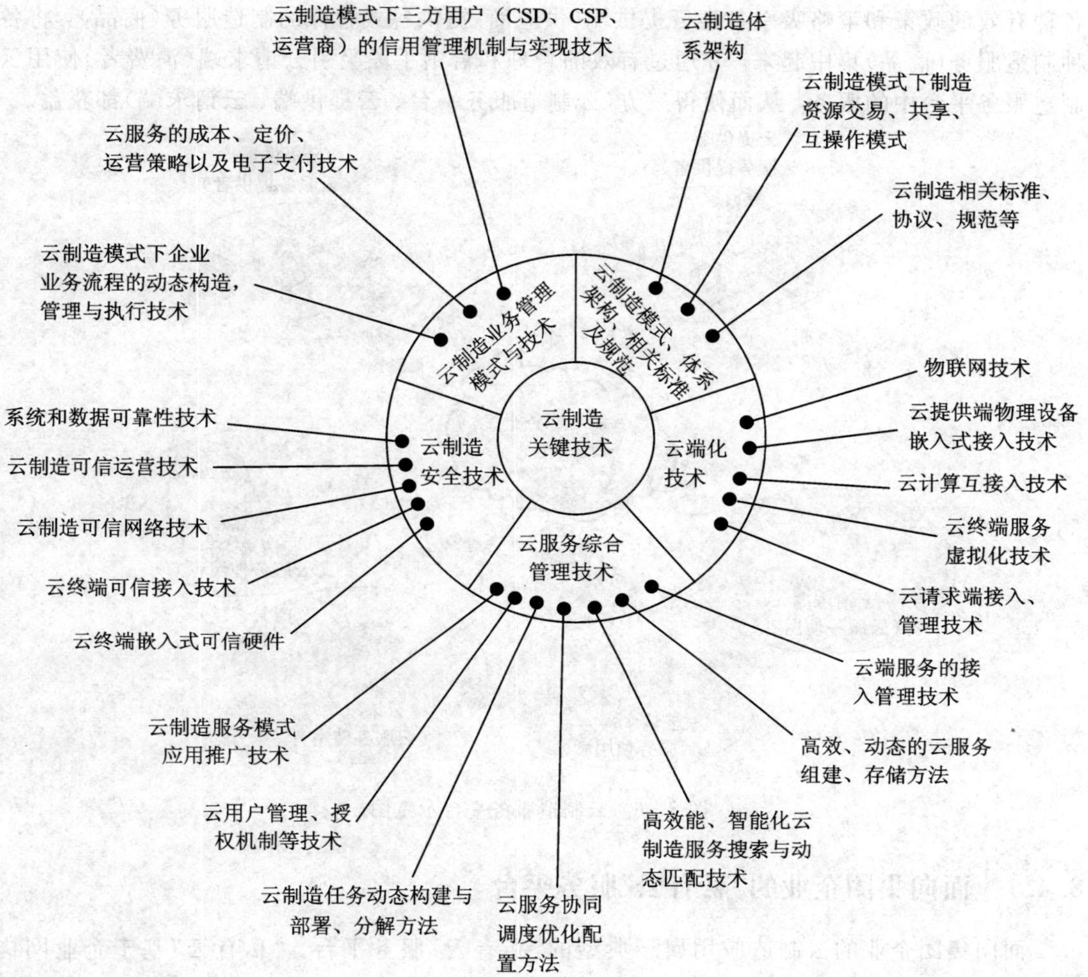

图 8-5　云制造涉及的关键技术

8.4　云制造服务平台

　　如图 8-6 所示，在云制造服务平台中，从制造服务的提供和使用角度将云制造用户分为两大类，即云提供端(云服务提供者，CSP)和云请求端(云服务使用者，CSD)。云提供端主要通过物联网等向云制造服务平台提供相应的制造资源和制造能力服务，并通过云端接入技术、资源虚拟化技术、云计算技术等将云提供端提供的制造资源和服务封装成云制造服务，形成云制造服务中心。云请求端通过向云制造服务平台提供服务请求，云制造服务平台根据用户提交的任务请求，在服务匹配与搜索、优化调度、智能寻租等中间件的支持下寻找符合用户需求的服务并为 CSD 提供服务。

　　为了进一步说明云制造服务平台的功能，可以用商场的例子来说明云制造服务平台的各角色的作用。云制造服务平台可以比做是商场，云提供端可以看做是为商场提供货物的供应商，而云请求端则可以看做是来商场选购商品的消费者。云制造服务平台(商场)通过各种有效的政策和策略吸引各类云提供端(供应商)提供各式各样的制造服务(商品),将各种制造服务(商品)集中起来,并通过有效的管理和营销手段吸引云请求端(消费者)使用云制造服务平台中的服务,从而使得三方(云制造服务平台、云提供端、云请求端)都获益。

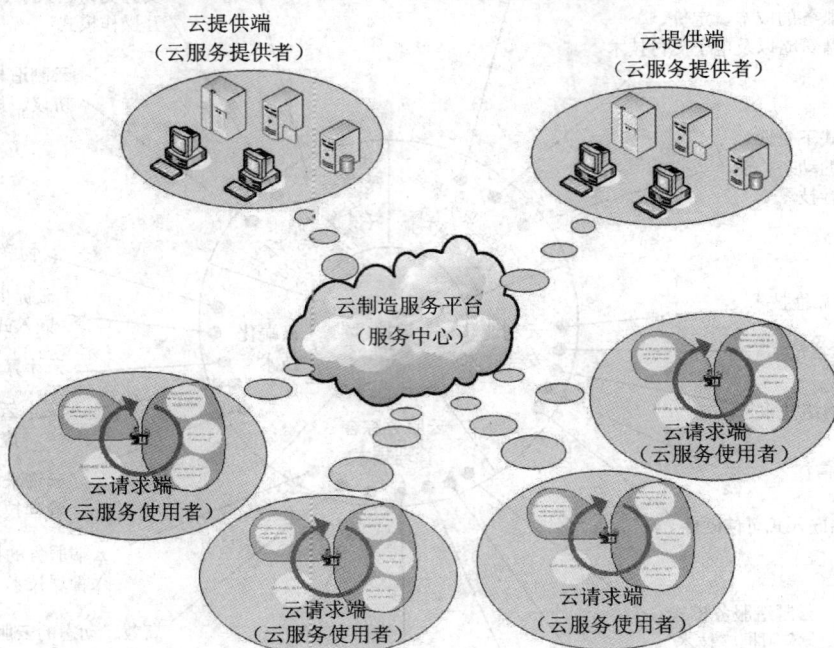

图 8-6　云制造服务平台示意图

8.4.1　面向集团企业的"私有云"服务平台

面向集团企业的云制造应用属于典型的"私有云"服务平台。"私有云"基于企业网构成,私有云的构建与运行者、资源提供者和使用者是集团和集团企业下属相关厂所、研究单位、企业等,其目的主要是强调企业内或集团内制造资源和制造能力整合与服务,优化企业或集团资源和能力的使用率,减少重复资源和能力的重复建设,降低成本,提高竞争力。

面向集团企业的"私有云"云制造服务模式的重点在于支持制造资源动态共享与协同。集团企业的制造资源包括设计分析软件、仿真试验环境、测试试验环境、各类加工设备、高性能计算设备、企业单元制造系统等。制造资源主要分为异构的硬制造资源(底层制造设备、测试试验设备、计算资源等)和软制造资源(制造过程模型、数据、知识、软件等),从功能角度讲,又可分为设计信息化资源、仿真信息化资源、试验信息化资源、生产信息化资源、管理信息化资源、信息化基础环境资源、信息安全体系资源等。

如图 8-7 所示的是某航天复杂产品云制造服务平台的多主体协同跨阶段制造应用模式,该平台能够支持样机设计生产一体化,设计单位和生产单位通过集团企业的高速宽带网络随时随地按需获取云制造系统中的各类设计和生产服务资源,实现基于流程的跨阶段协同制造。

航天复杂产品云制造服务平台的主要研究内容如下:

（1）航天复杂产品云制造系统总体技术研究：主要包括航天复杂产品云制造服务模式、体系架构、标准与规范。

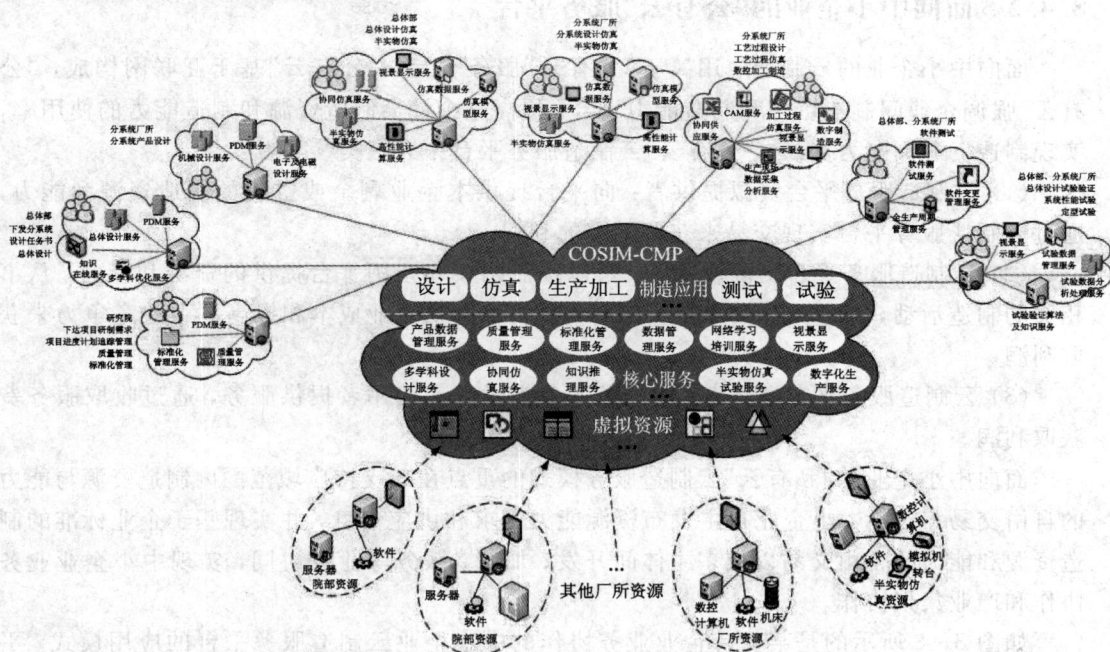

图 8-7　某航天复杂产品云制造服务平台的应用模式

（2）航天复杂产品云制造服务平台关键技术研究：主要包括云制造普适人机交互技术，多主体云制造服务按需动态聚合与演化技术，多主体云制造服务高效协同运行与容错技术，云制造服务（交易）综合管理、监测与评估技术。

（3）航天复杂产品云制造系统构建技术研究：主要包括集团类制造资源的虚拟化技术、集团类专业能力的服务化技术、航天复杂产品云制造系统集成技术。

（4）航天集团企业制造资源和专业能力的共享及协同应用：针对国家安全领域某航天飞行器的研制需求，面向该航天飞行器研制生产过程中从设计、仿真、生产加工、测试到试验的全生命周期，研究基于云制造服务平台，更快、更好、更省地进行多类航天飞行器的研制开发。

航天复杂产品云制造服务平台需要解决的关键技术包括以下几个：

（1）制造资源和制造能力的虚拟化与服务化：包括异构制造资源和多领域制造能力的统一描述，广域网环境下异构制造资源和多领域制造能力的虚拟化，多主体异构制造资源和多领域制造能力的服务化。

（2）多主体云制造服务全生命周期管理技术：包括多主体云制造服务的发布、发现与智能化匹配，多主体云制造服务的按需敏捷聚合、高效协同与可信运行，多主体云制造服务（交易）的管理、监控与评估。

（3）多主体云制造服务平台的应用和运营技术：包括制造资源的按需获取与普适交互应用；制造能力的智能发现与交易应用；多主体云制造服务"机—机"、"人—机"和"人—人"的协同应用，包括时空一致紧耦合协同和基于业务流程松耦合协同统一、集中的智能化管理和经营。

8.4.2　面向中小企业的"公有云"服务平台

面向中小企业的云制造应用属于"公有云"服务平台。"公有云"基于互联网构成，"公有云"强调企业间制造资源和制造能力整合，提高整个社会制造资源和制造能力的使用率，实现制造资源和能力交易。"公有云"云制造服务平台中有三类参与者：

（1）云制造服务平台资源提供者：向平台提供本企业剩余或空闲的制造资源和能力，通过云制造服务平台实现交易来获取一定的利润。

（2）云制造服务平台资源使用者：可以按需购买和租用平台提供的资源和能力，从事相关的制造活动，通过减少资源购买与提高能力来降低企业成本和提高本企业竞争力来获取利润。

（3）云制造服务平台运营者：向资源服务提供者和使用者提供服务，通过收取服务费获取利润。

面向中小企业的"私有云"云制造服务模式的重点在于支持广域范围内制造资源与能力的自由交易，支持中小企业自主发布资源能力需求和供应信息，并实现基于企业标准的制造资源和能力的自由交易以及多主体间开发、加工、服务等业务协同，实现中小企业业务协作和产业集聚协作。

如图 8-8 所示的是某支持企业业务协作的中小企业云制造服务平台的应用模式。平台参与角色构成方式为资源提供方、资源需求方和平台运营方三方，通过服务平台门户获得平台所提供的应用功能支持。中小型制造业企业大多会在制造工艺的层次上与外部资源进行协作。外部资源的加工进度、加工质量与企业的核心制造流程必须紧密结合在一起，才能保证总体生产制造按期、高质量地完成。为此，在实现协作管理方面，平台需要为企

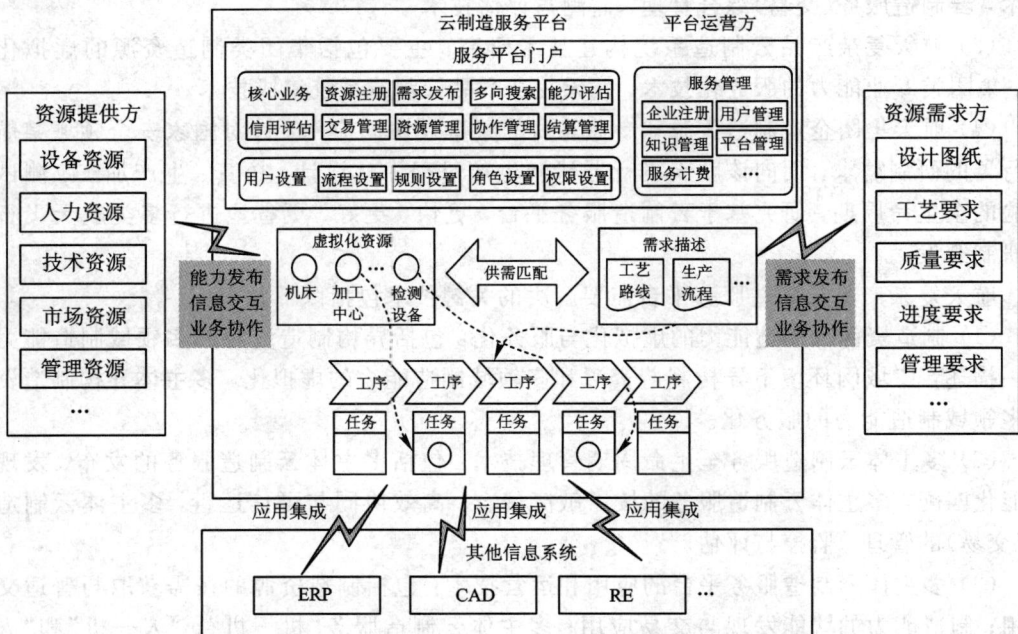

图 8-8　某支持企业业务协作的中小企业云制造服务平台的应用模式

业提供细致到工艺过程中各道工序的协同计划制定、任务指派、执行跟踪等管理能力。同时，考虑到与企业核心业务流程管理的紧密结合，平台将实现与企业 ERP 系统集成，在数据上实现云制造平台与企业内部业务管理系统的互通。由于制造工艺、生产模式的区别，不同行业、业态的企业对于外部资源的协作管理模式存在很大的差异。支持不同行业的企业用户在平台中建立个性化的协同管理能力和管理体系，是平台的一大功能特点。

支持企业业务协作的中小企业云制造服务平台的主要研究内容如下：

（1）平台服务模式及体系架构研究：包括支持企业业务协作的中小企业云制造服务平台需求分析，紧耦合模式下的制造资源共享及协同管理方法研究，支持企业业务协作的中小企业云制造服务平台服务模式研究，支持企业业务协作的中小企业云制造服务平台体系架构研究。

（2）平台研发：包括平台服务工具、用户配置工具的行业化定制开发，平台管理工具的产品化二次开发，平台与 ERP 系统的集成技术研究，平台与典型产品设计工具的集成技术研究，平台软件系统集成及调试。

（3）平台构建：包括平台运行环境软硬件部署模式研究，平台安全保障体系软硬件部署模式研究，平台软硬件环境部署及调试，装备制造、服装制造行业知识库构建。

（4）平台应用示范：包括平台服务体系构建；在装备制造、服装等制造行业的平台应用示范，形成云制造协作社区；在此过程中进一步完善的平台商业化运作机制，形成可规模化推广的服务模式。

支持企业业务协作的中小企业云制造服务平台需解决的关键技术包括以下几个：

（1）紧耦合模式下的制造资源共享及协同管理方法。

（2）用户可自主构建的个性化业务协作管理体系。

（3）装备制造、服装制造行业知识库构建。

（4）高数据安全、高可用、高性能平台架构。

8.5　云制造与相关先进制造模式的关系

1. 云制造与敏捷制造

敏捷制造所强调的敏捷化理念是云制造所追求的目标之一，云制造借鉴云计算等最新的信息技术为实现敏捷化提供了新的手段。在理念上，云制造综合了敏捷化、绿色化、个性化和服务化等思想，而从应用模式与组织实施角度来说，与敏捷制造相比也有一定的差异。下面以敏捷制造的两个典型应用模式（虚拟企业、协作网络）为例，分析云制造与敏捷制造的区别。

虚拟企业与协作网络的核心思想是"联盟"，通过构建企业间或企业内"协作联盟"，来快速响应外界需求，以达到提高制造企业敏捷化的目标。其中虚拟企业强调"联盟"随任务而变的动态性，协作网络侧重建立相对稳定的协作网络组织，并使用户能够充分参与其中。而云制造以资源及能力的按需使用为核心，通过搭建支持海量资源统一管理及具有弹性架构的云平台，实现松耦合、紧耦合等不同形式的协作方式、构建不同形式的联盟。云制造与敏捷制造的差别主要体现在以下几个方面：

（1）平台开放性。在虚拟企业和协作网络的平台中，企业进入平台的约束条件较多，如地理位置、企业规模等，使得其开放性较低。而在云制造模式下，平台是高度开放的，企业能够通过提供制造资源或制造能力自由出入，降低了企业的准入门槛，进而丰富了平台中的企业资源库，可以为灵活构造满足不同业务需求的协作联盟提供支持。

（2）协作联盟范围。虚拟企业和协作网络所构建联盟或组织的动态适应性较差，只能满足有限企业参与，并对协作过程中出现变化因素（如业务变更、企业单位临时退出等）的应变能力不足，通过云制造可扩大所构建联盟的范围，如参与企业数量可根据业务的需求而增加，并能根据协作过程需求灵活变更联盟中的参与企业。云制造为此提供了强大的功能支持。

（3）资源种类及数量。相比敏捷制造，由于云制造平台的开放性更高，并且采用了物联网、信息物理系统（CPS）、虚拟化等资源感知接入技术，使得平台中具有丰富的资源种类及海量的资源，为快速应对需求动态构建不同粒度的联盟体提供了资源基础。

（4）业务过程经验和知识积累。云制造强调对企业参与业务过程经验和知识的积累，通过这种积累和共享，使得企业间能够形成持久的协作关系，并在组建联盟体时，优化联盟参与企业和相关资源的配置，为根据需求建立最优联盟体提供支持。

（5）涉及业务范围。在云制造模式下，由于平台中企业数量多及提供的资源种类丰富，尤其是实现了制造能力的交易和流通，从而使得所组建联盟的业务范围更广，可满足产品全生命周期业务联盟的需求，并且通过云制造平台提供的对业务监控、系统集成等功能支持，能够实现松耦合、紧耦合等不同形式的协作方式。

2. 云制造与网络化制造

由于云制造也是建立在网络基础之上的，从广义上讲，云制造是网络化制造的一种新的形态，但由于融合并采用了云计算、物联网、服务计算等技术和架构，与制造网格、ASP等传统网络化制造相比，有着鲜明的特点和优势。

制造网格强调了网格技术与先进制造技术结合，通过构建统一资源共享平台实现分散资源的共享，但主要是特定领域范围内的设计、仿真等软件资源的共享。与云制造模式相比，制造网格尚没有涉及生产、加工等核心业务，如生产加工资源服务、管理集成资源服务等，并且缺乏有效的商业运营模式，目前关于制造网格的研究多数处于理论研究阶段，没有形成有效的企业应用和推广。此外，制造网格和云制造在平台的构建和运行支撑技术方面也有很大的区别。制造网格资源共享平台主要是以网格技术为支撑所搭建的，平台拓扑结构较为单一，缺乏灵活性，而云制造服务平台则以云计算技术为支撑，其平台和系统架构更加灵活，伸缩性和扩展性更强。

云制造与 ASP 的区别可以从两个方面进行分析说明。

（1）ASP 与云计算。云制造采用以云计算为核心的基础架构，而传统 ASP 与云计算在技术层面有着明显的区别。传统 ASP 主要是通过网络实现应用服务（软件资源）的托管或租赁、资源信息的发布和检索，以及制造服务协同管理等功能。虽然云计算中 SaaS 服务提供的也主要是以软件资源为主，但二者在软件提供方式、资源使用方式及费用支出等方面，仍存在着很大的差异（见表 8 - 1）。

（2）ASP 与云制造。近年来传统 ASP 平台正纷纷向基于云计算的 SaaS 模式进行升级和转型。但云制造在服务种类、服务模式、应用范围及相关使能技术等方面都对 ASP 进行了拓展。仅以服务种类为例，云制造除了基本 SaaS 服务以外，还包括涉及制造核心业务的各类服务应用，如论证为服务（Argumentation as a Service，AaaS）、设计为服务（Design as a Service，DaaS）、生产加工为服务（Fabrication as a Service，FaaS）、仿真为服务（Simulation as a Service，SimaaS）和集成为服务（Integration as a Service，InaaS）等。可以看出，在云制造模式体系中，SaaS 只是其中的一种应用方式。

表 8 - 1　ASP 与 SaaS 的比较

应用模式 特征比较	应用服务提供商（ASP）	软件即服务（SaaS）
软件提供方式	单租户（一对一）	多租户（多对一）
数据库	多数据库单租赁	单数据库多租赁
资源使用方式	软件永久许可，硬件租赁	软件和硬件的多租赁
费用支出	成本和运营费用	运营费用
实施时间	实施周期长	快速部署实施
可用性	使用复杂	简单易用
需求响应	定制化	可配置
维护	软件由使用者维护，硬件由 提供者维护	软硬件均由提供者维护，并 可随时更新
服务集成	通过服务提供商提供包接口 进行集成	通过服务提供商提供的 封装的 API 进行集成

3. 云制造与面向服务的制造

云制造是面向服务制造理念的一种体现，通过产品与服务、制造与服务的融合，实现向用户提供专业化及社会化的服务。云制造理念丰富了面向服务制造的内涵，如强调了制造能力的服务化、资源的按需使用及动态协同等。IPS^2（工业产品服务系统）与 C-Sourcing（众包）作为面向服务制造的代表性应用模式，侧重点各有不同。IPS^2 主要是从生产系统角度出发，强调的是产品与服务的高度集成；C-Sourcing 则是从资源组织方式角度来阐述的，强调通过更广泛的社会化服务实现社会生产。

云制造在融合上述面向服务制造模式先进思想的同时，也为 IPS^2 和 C-Sourcing 等面向服务制造模式的高效实现提供了丰富的技术手段和强有力的平台支撑，具体可从以下几个方面进行分析：

（1）服务集成角度。在 IPS^2 应用实施过程中，云制造模式为制造企业实现向用户提供高质量产品专业化服务提供了平台支持，如在产品论证、设计过程中，可以利用云制造平台中丰富的仿真服务，包括仿真软件、实物与半实物仿真设备等，对用户使用产品过程进行充分仿真与模拟，并以此来调整产品的生产制造过程及零配件的选用，为更好地提供产品的后续专业化服务奠定基础，从而提高产品服务的增值能力。

（2）服务使用角度。云制造使得产品专业化服务的提供和使用方式更加便捷。基于云制造平台，用户能够按需使用各类服务，通过网络对产品使用过程中的各种状态进行实时监测和控制，从而使得更多的专业化服务可以通过网络来实现，缩减了使用服务的成本，并加快了用户对高技术产品的吸收。

（3）制造能力服务化角度。云制造将推动"通过网络实现社会生产"这一众包理念的实现。云制造模式强调了制造能力的服务化及按需使用，使得更多形态的资源服务进入到云制造平台中，并可基于云制造平台建立服务社区，极大地扩展了社会化服务的共享边界，为实现涉及更广泛业务、更复杂任务的众包生产提供了资源基础。

（4）业务协作角度。云制造模式丰富了众包业务协作平台的功能，为众包业务过程的动态协同提供了支持，如经验知识的积累、协同业务过程的监控与集成以及完善的信用评估机制和交易规范等，使得业务协作过程更加透明化、集成化和精细化，从而保证了众包业务规范、有效地开展，推动了众包模式在制造业的实际应用和推广。

8.6　云制造的研究现状及未来展望

国外发达国家针对服务化制造开展了一些相关的工作，并已取得了一定的效果。如美国 2000 年搭建了全球最大的制造能力交易平台 MFG.com，致力于为全球制造业伙伴搭建更加快捷、高效的交易平台；美国越野赛车制造厂 Local-Motors.com 通过众包的方式，将车的全部个性化设计与制造过程众包给社区，仅用 18 个月的时间，就在干洗店大小的微型工厂里实现了汽车从图纸设计到上市；美国波音公司采用基于网络协同、制造服务外包的模式，组织全球 40 多个国家和地区协同研发波音 787，使研发周期缩短了 30%，成本减少了 50%；此外，欧盟第七框架于 2010 年 8 月启动了制造云项目（ManuCloud，Project-ID：260142），总投资 500 多万欧元，目的是在一套软件即服务（Software as a Service）应用支持下为用户提供可配置制造能力服务。

云制造为制造业信息化提供了一种崭新的理念与模式，云制造作为一种初生的概念，其未来具有巨大的发展空间。对于云制造的研究与实践工作的开展，需要依靠政府、产业界、学界等多方联合与共同努力，云制造的应用将是一个长期的阶段性渐进过程，而不是一蹴而就的项目工程。对于广大制造企业而言，当前迈入云制造仍具有一定门槛。这要求制造企业具有良好的信息化基础，已经实现了企业内部的信息集成与过程集成。云制造仍面临着众多关键技术的挑战，除了对于云计算、物联网、语义 Web、高性能计算、嵌入式系统等技术的综合集成，基于知识的制造资源云端化、制造云管理引擎、云制造应用协同、云制造可视化与用户界面等技术均是未来需要攻克的重要技术。

8.7　小　　结

鉴于当前网络化制造存在的种种问题，本章提出了将现有网络化制造及服务技术与云计算、云安全、高性能计算、物联网等技术融合的一种面向服务的网络化制造新模式——云制造；围绕云制造提出的背景、云制造概念、云制造系统和体系架构、实施云制造需要攻克的关键技术等问题，进行了初步探讨和研究。云制造技术的实现还需在应用需求牵引及相关技术的推动下开展大量的工作。但是，云制造技术的研究和应用将进一步促进制造业向"网络化、智能化、服务化"方向发展，从而将制造业信息化程度提高到一个新的水平。

习 题 8

8-1 什么是"云终端"?

8-2 简述云终端目前的发展现状。

8-3 简述云终端提出的背景、结构和关键技术。

第 9 章 云计算服务与大规模定制模式应用

云计算是为适应 IT 应用新需求而出现的一种计算新模式。随着 Internet 的迅速发展，新的重要技术和概念不断产生，如分布式计算、网格计算、虚拟化等，同时它们也推动了 Internet 技术以及 IT 应用和相关计算模式的不断发展。

大规模定制(Mass Customization)是为适应客户个性化需求而出现的生产与服务新模式。随着全球化与世界经济的不断发展，企业面临的市场环境发生了巨大变化，客户(Customer)主导、变化(Change)迅速、竞争(Competition)激烈（简称 3C）的特征越来越突出，迫使企业以接近大规模生产的成本和效率向客户提供个性化的产品和服务，即采用大规模定制模式为客户提供产品和服务，从而使大规模定制模式成为 21 世纪企业适应市场变化和提高客户满意度的理想选择。

云计算和大规模定制分别代表了 21 世纪 IT 应用与计算模式和生产与服务模式的发展趋势。尽管云计算和大规模定制是两个不同领域产生的新概念，但两者之间却有着密切的关系。

云计算可以为大规模定制提供很好的技术支持环境，而云计算服务本身也有大规模定制应用需求。目前已有很多文献分别讨论云计算和大规模定制及其相关问题，但是一起讨论云计算和大规模定制的文献很少。本章在分析云计算和大规模定制的特点与相互影响的基础上，讨论在云计算服务中大规模定制模式的应用和云计算对大规模定制模式应用的支持，并重点讨论云计算环境下的大规模定制客户需求响应。

9.1 云计算和大规模定制的特点与相互影响

为了更好地讨论云计算服务和大规模定制应用的相关问题，有必要正确理解云计算与大规模定制的概念和内涵。下面首先讨论云计算和大规模定制的内涵与特点，然后分析云计算和大规模定制两者之间的相互影响关系。

9.1.1 云计算的内涵与特点

云计算概念最早由 Google 提出。作为一个新产物，云计算目前还没有一个被普遍接受的统一定义。从概念上说，"云"有狭义和广义之分。狭义的"云"概念出现在云计算产生初期，一般把能够提供大量资源的网络称为"云"。"云"中的资源在使用者看来是可以无限扩展的，并且可以随时获取，随时扩展，按需使用，按使用付费。日常生活的供水、供电系统就具有这样的特性，故狭义云计算也就意味着像使用水、电一样使用 IT 基础设施。广义的"云"概念更多是指一种资源池，是一些可以自我维护和管理的虚拟计算资源，通常为一些大型服务器集群，包括计算服务器、存储服务器、宽带资源等。云计算将所有计算资源集中起来，并由软件实现自动管理，无需人为参与。

云计算的实现，就最终用户而言，不需要硬件购置成本，不需要管理软件许可证或升级，不需要雇佣新员工或咨询人员，不需要租赁设施，没有任何种类基建投资，而且还没有隐性成本，只有一种用仪表测量出来的、根据使用情况支付的订购费或固定订购费，也就是按需提供服务，按量收取费用。

云计算中的云可具体分为三类：公有云、私有云和混合云。公有云由第三方运行，而且可以把来自许多不同用户的作业在云内的服务器、存储系统和其他基础设施上混合在一起，最终用户不知道运行其作业的同一台服务器、网络或磁盘上还有哪些用户。私有云是由单个用户所拥有的按需提供基础设施，该用户控制哪些应用程序在哪里运行，私有云拥有服务器、网络和磁盘，并且可决定允许哪些用户使用基础设施。混合云是把公有云与私有云结合在一起，用户部分拥有，部分与他人共享。混合云提供根据需要且在外部预配置扩展规模的承诺，但增加了确定如何在这些不同环境之间分配应用程序的复杂性。

云计算的主要特点如下：

（1）可扩展性。云计算的可扩展性包括水平可扩展性和垂直可扩展性。水平可扩展性是指可将多个云计算服务器联合起来，形成更大的云计算器来处理和存储互联网上的数据计算。垂直可扩展性是指云中的节点可向下兼容、向上升级，适应市场和不同客户端的需要。

（2）互操作性。云计算的互操作性主要体现在云计算开源思想和平台架构上。云服务平台能兼容不同客户端，并能识别出它们的差异及提供相应的服务。

（3）虚拟化。云计算的虚拟化是指将底层的硬件（包括服务器、存储与网络设备）全面虚拟化，建立起一个共享的可以按需分配的基础资源池。云计算支持用户在任意位置使用各种终端并获取应用服务。

（4）经济性。云计算把计算能力作为服务提供给用户，在多个用户之间共享，这使得资源的利用率大为提高。一方面，由于服务器空闲减少，内存和硬盘等存储空间可以根据所有用户需求添加，显著地降低了所有用户以及单个用户的成本；另一方面，应用程序由云计算服务提供商开发部署，这大大地提高了开发速度。就像电力公司通过中央电厂为买主输送电力，即取得了在动力生产上的规模经济效应一样，云计算通过互联网为用户提供计算服务，同样具有规模经济性。

（5）个性化。云计算一般可以按照用户意愿自由地调整其规模，满足用户大规模或者小规模的需要。云计算系统可以自由地向上支持数百万用户，也可以向下支持几个甚至一个用户。"云"是一个庞大的资源池，用户可以像购买水、电、煤气那样按需要购买个性化的计算服务。

9.1.2 大规模定制的内涵与特点

大规模定制是指在大规模的基础上生产和销售定制产品并提供相应的服务。它是制造业和服务业的新范式，是企业竞争的新方法。它将识别并实现个性化客户需求作为重点，同时不放弃效率、效力和低成本。大规模定制就是以近似大批量生产的效率生产商品和提供服务以满足客户的个性化需求。1993 年，B·约瑟夫·派恩二世在《大规模定制：企业竞争的新前沿》一书中写到："大规模定制的核心是产品品种的多样化和定制化急剧增加，而不相应增加成本；范畴是个性化定制产品的大规模生产；其最大优点是提供战略优势和经济价值。"大规模定制的基本思路是基于产品族零部件和产品结构的相似性、通用性，利用标准化、模块化等方法降低产品的内部多样性。大规模定制的对象可以是产品，也可以是服务。近年来，金融、物流和 IT 服务等服务业大规模定制模式的应用越来越受到重视。

大规模定制的主要特点如下：

（1）模块化。大规模定制产品以及服务的模块化、通用化和标准化设计是企业快速更新产品或服务的基础。模块化设计便于按不同要求快速重组，任何产品或服务更新都不是将原有产品或服务全部推翻重新设计。

（2）专业化。大规模定制生产和服务要求企业具有专业化生产和服务能力。专业化生产和服务能力可以保证企业能够向客户有效和高效地提供定制化产品和服务。

（3）网络化。大规模定制生产和服务通常需要企业与伙伴企业间的有效合作网络。在Internet 环境下，通过供应链管理系统将合作企业连接起来，按大规模定制生产模式实行有效的控制与管理。

（4）柔性化。大规模定制生产和服务通常需要企业具有柔性化生产和服务能力。建立柔性生产系统或柔性服务系统是大规模定制模式应用成功的关键。

（5）规模化。由于模块化设计，大规模定制生产或服务通常通过生产或服务规模化来提高效率，从而降低了生产或服务的单位成本。

9.1.3　云计算与大规模定制之间的相互影响

尽管云计算和大规模定制是两个不同领域产生的新概念，但两者之间却有着非常密切的关系。云计算和大规模定制分别代表各自领域的未来发展方向。云计算是为适应 IT 应用新需求所出现的一种计算新模式。大规模定制是为适应客户个性化需求所出现的生产或服务新模式。同时，云计算和大规模定制两者之间是互相支持、互相影响的。

首先，云计算服务通常有大量用户，而每个用户的 IT 服务通常是个性化的。所以，云计算作为一种 IT 服务，本身也有服务大规模定制的应用需求。云计算服务在运作模式上采用集中方式，以较低成本为用户提供个性化 IT 服务。从这个意义上说，云计算服务应采用大规模定制模式进行云计算服务运作，这样既可保证为用户提供个性化 IT 服务，又通过一定的规模降低了云计算服务运作成本。

其次，大规模定制模式应用需要合适的商务技术平台和商业智能工具有效地支持大规模定制客户的需求响应过程。云计算作为 IT 服务，可以为大规模定制应用提供很好的技术支持环境。云计算服务所能提供的强大计算服务能力有助于为大规模定制企业提供有效的商务平台和商业智能工具，提高大规模定制运作能力和客户需求响应决策能力。

9.2　云计算服务中大规模定制模式的应用

作为以服务为对象的技术，云计算面向不同客户群提供不同层次的服务。云计算服务通常可以划分为三大类：软件即服务（SaaS）、平台即服务（PaaS）和基础设施即服务（IaaS）。

SaaS 是云计算架构的最高层，包含一个通过多重租用根据需要作为一项服务提供的完整应用程序。"多重租用"是指单个软件实例运行于提供商的基础设施，并为多个客户机构提供服务，如 Salesforce.com。

　　PaaS 处于中间层，是对开发环境抽象的封装和对有效服务负载的封装，如 Google App Engine。

　　IaaS 把基础设施当做服务，处于最低层级，而且是一种作为标准化服务在网络上提供基本存储和计算能力的手段，如 Amazon Web 服务（AWS）。

　　上述三个层次的云计算服务可以概括为 IT 即服务（ITaaS）。ITaaS 本来并不是一个全新的概念。事实上，ITaaS 在 20 世纪 50 年代和 60 年代后期是主要的业务模式，那时候 IT 设备太昂贵，企业无法拥有自己的设备。目前，云计算服务所体现的 ITaaS 是基于 Internet 的全新业务模式。无论用户需要何种形式的 ITaaS，云计算服务提供商都应该具有以专业化和低成本方式提供个性化按需服务的能力。

　　不同企业，由于业务的不同，对具体的 IT 应用需求也会不同。所以，云计算用户的 IT 应用需求通常是个性化的，只有满足用户个性化的 IT 应用需求，潜在的用户才有可能使用云计算服务。另外，只有云计算服务费用能被用户接受，云计算服务设计才是可行的。所以，云计算服务提供商必须考虑云计算服务设计如何满足个性化需求，并通过一定的规模化来降低运作成本。可见，云计算服务设计与运作充分体现了大规模定制的基本理念。云计算服务可以看做是 IT 服务大规模定制的一种具体形式。

　　云计算不仅把 IT 应用当做服务，更重要的是在云计算服务设计与运作中考虑 IT 服务的大规模定制。大规模定制模式的应用是云计算服务的重要方面。云计算还处在初级阶段，云计算服务有着很大的潜在市场。云计算要商业化应用，还需要企业的有力推动。云计算产业能否迅速发展，在一定程度上取决于能否正确认识到云计算服务中大规模定制模式应用的重要性。所以，云计算服务大规模定制应该成为一个重要的研究课题。

9.3　云计算对大规模定制模式应用的支持

　　无论是对企业还是对个人来说，云计算都是依靠其数据处理和存储能力，让用户在网络上获取 IT 资源和应用的。云计算通常能赋予用户前所未有的计算能力。大规模定制应用通常需要强大的信息系统和计算能力去处理复杂多样化的问题。云计算的出现正好满足了大规模定制中的服务响应需求。从总体上来说，云计算可以为大规模定制应用提供以下三方面的技术支持：

　　（1）云计算带来了更低的基础设施成本。云计算为大规模定制提供了可以自我维护和管理的虚拟计算资源，也就是大型服务器集群。大规模定制企业可以使用云的计算能力来补充或取代内部的计算资源，再也不需要担心峰值问题，这使得大规模定制企业节省了资源并降低了成本。

　　（2）云计算不仅对云客户端的硬件设备和软件成本要求更低，而且带来了更高的性能。大规模定制企业不需要投入大量资金购买高性能的电脑（由于应用程序是在云中而不是台式机上运行的，而云中提供了几乎无限的存储容量，这样就对云客户端的硬件要求很低）。另外，企业也无需对每台电脑购买单独的软件应用程序，因为所有的软件都可以从云中获得并且可以免费使用。没有了大量繁琐的运行任务占用本地内存，客户端得到的是更强的计算能力、更快的运行速度和更好的性能。

（3）云计算可以轻松实现大规模定制企业与客户互动以及企业之间和企业内部的共享与协作。在大规模定制中，常常需要客户互动参与以及合作伙伴的协作。基于云计算的大规模定制智能商务平台，可以支持客户在任何地点与企业互动，可以支持企业之间和企业内部的共享与协作，从而更有效地支持大规模定制客户的需求响应。

9.4　云计算环境下的大规模定制客户需求响应

大规模定制企业不仅要考虑如何获取客户需求信息，而且也应该考虑如何正确引导客户需求决策行为适应大规模定制的需要。云计算环境为我们研究开发"大规模定制客户需求响应互动管理平台"，支持大规模定制客户需求响应决策创造了有利条件。

在云计算环境下，可以考虑在企业与客户互动时，通过沟通为客户需求决策提供必要的相关信息。通过一定的激励机制和激励策略，引导客户优化其产品或服务需求组合，获取必要的客户知识来适应产品和服务大规模定制需要，使得优化后的客户需求更利于提高客户满意度，同时又更有利于降低提供个性化产品和服务的成本，从而实现满意的客户需求响应。

在云计算环境下，根据客户互动过程中企业和客户双方的信息需求和决策支持需求，可以研究和开发支持大规模定制客户需求响应的互动过程智能支持技术。互动过程智能支持技术至少包括互动过程管理技术、互动信息管理技术和互动决策支持技术。

9.5　小　　结

云计算和大规模定制分别代表 IT 应用与计算模式以及生产和服务方式的未来。云计算和大规模定制两者之间是互相支持和互相影响的关系。云计算服务可以看做是 IT 服务大规模定制的一种形式。大规模定制应用通常需要强大的信息系统和计算能力去处理复杂多样化的问题。云计算正好满足了大规模定制中的服务响应需求。云计算服务大规模定制以及云计算环境下大规模定制是今后重要的研究领域。

习　题　9

9-1　简述云计算服务的模式。

9-2　什么是大规模定制？

9-3　云计算如何保证与大规模定制有效结合？

第 10 章　云计算的未来及
面临的挑战

　　云计算将对互联网应用、产品应用模式和 IT 产品开发方向产生影响。云计算技术是未来技术的发展趋势，也是包括 Google 在内的互联网企业前进的动力和方向。未来云计算主要朝以下三个方向发展：

　　(1) 手机上的云计算。云计算技术提出后，对客户终端的要求大大降低，客户机将成为今后计算机的发展趋势。客户机通过云计算系统可以实现目前超级计算机的功能，而手机就是一种典型的客户机，云计算技术和手机的结合将实现随时、随地、随身的高性能计算。

　　(2) 云计算时代资源的融合。云计算最重要的创新是将软件、硬件和服务共同纳入资源池，三者紧密地结合起来成为一个不可分割的整体，并通过网络向用户提供恰当的服务。网络带宽的提高为这种资源融合的应用方式提供了可能。

　　(3) 云计算的商业发展。最终人们可能会像缴纳水电费那样去为自己得到的计算机服务缴费。这种使用计算机的方式对于诸如软件开发企业、服务外包企业、科研单位等对大数据量计算存在需求的用户来说无疑具有相当大的诱惑力。

　　由于用来执行各类企业系统和应用程序以使云计算、云共享有效实现的技术标准的定义还没有统一，也没有进行公开评审，更没有得到任何一个监管机构的认定，将不同的技术整合集成在一起的难度也很大，很多人会担心提供商还没有足够的能力来实现资源、服务的定制和使用及其成本等问题。在一个集中的数据中心中存储大量与客户有关的隐私、客户身份和客户的使用偏好等数据引起了人们对隐私保护的担忧，这些担忧又引发了人们对云计算环境中的相关政策法规的质疑。

　　随着问题的浮现，学者们开始研究并寻求相应的解决方法。Michael Armbrust 等在"A View of Cloud Computing"文中分析云计算技术的发展现状，提出了云计算中存在的 10 大障碍与机遇（见表 10 - 1），认为阻碍云计算发展的前 10 大障碍分别是业务可用性和连续性、数据被套牢、数据保密性及审查能力、数据传输瓶颈、性能的不可预测性、存储的可扩展性、大型分布式系统的病毒、快速扩展性、共享的权威性和软件的使用许可性等。对此，Michael Armbrust 等人也提出了一系列的解决方案，比如可以通过使用多个云提供商的服务来解决业务的可用性和连续性的问题，使用加密技术或设置虚拟局域网及防火墙等手段来保证数据的保密性，开发可扩展的存储器来解决数据存储的扩展性问题等。因为其中的一些问题可以用技术方法解决，也可以通过经济管理和政策法规等辅助手段，从而进一步提高了技术实施的效率。

表 10 - 1　云计算发展的障碍与机遇

排　名	障　　碍	机　　遇
1	业务的可用性和连续性	使用多个云提供商的服务
2	数据被套牢	标准化 API、使用与混合云计算兼容的 SW
3	数据保密性及审计能力	实施加密技术、VLAN 和防火墙等
4	数据传输瓶颈	使用大规模的带宽及磁盘运输
5	性能的不可预测性	改善 VM、闪存、联合调度多个 VM
6	存储的可扩展性	开发可扩展的存储器
7	大型分布式系统的病毒	开发依赖于分布式 VM 的调试器
8	快速扩展性	开发依赖于 ML 的自动定标器及保存快照
9	共享的权威性	提供信誉控制服务
10	软件的使用许可性	提供即付费即使用的许可证服务

10.1　云安全面临的挑战

作为一种新的计算模式，云计算面临的安全挑战是复杂多样的。

10.1.1　云计算数据对云安全的挑战

云计算数据对云安全的挑战主要表现在以下几个方面：

（1）使用云模式，用户失去对物理安全的控制。在一个公有云中，多个用户共享计算资源。用户无法知道或者能够控制资源运行在哪里。

（2）目前云供应商所提供的存储服务大多不兼容。当用户决定从一个供应商转移到另一个供应商时，会遇到一定的困难，甚至是数据的丢失。

（3）一般而言，对静态数据的加密是可行的，但在云计算的应用程序中，对静态数据加密在很多情况下是行不通的。因为基于云计算的应用程序使用静态数据加密后将导致无法对数据进行处理、索引和查询。这也就意味着云计算数据处理终端是未加密的。

（4）数据的保密性并不意味着完整性，单单使用加密技术可以保证保密性，但完整性还需要使用消息认证码，它需要大量的加/解密钥，而密钥的管理是一大难题；另外，在云计算中会涉及海量的数据，用户如何检查存储数据的完整性？迁移数据进出云计算是需要支付费用的，同时也会消耗用户自己的网络利用率。在云计算中，用户一般不知道他们的数据存储在哪个物理机器上，或者哪些系统安放在何处，而且数据集可能是动态的频繁变化的，这些频繁变化使得传统保证完整性的技术无法发挥效果。

（5）大多企业选择对云计算进行外包的形式，而外包意味着失去对整个数据的根本控制，虽然从安全角度考虑这不是个好办法，但是从减轻企业负担和经济上的节省角度考虑仍将继续增加这些服务的使用。

10.1.2　虚拟化技术对云安全的挑战

虚拟化技术对云安全的挑战主要表现在以下几个方面：

（1）在云中虚拟化的效率要求多个组织的虚拟机共存于同一物理资源上。虽然传统的数据中心的安全仍然适用于云环境，但物理隔离和基于硬件的安全不能保护和防止在同一服务器上虚拟机之间的攻击。管理访问是通过互联网，而不是传统数据中心模式中坚持的受控制的和限制的直接或到现场的连接，这增加了风险和暴露，应对系统控制和访问控制限制的变化进行严密监控。

（2）虚拟机的动态和移动性将难以保持安全的一致性并确保记录的可审计性。在物理服务器之间克隆和发布可能导致配置错误及其他安全漏洞传播。证明系统的安全状态并确定一个不安全的虚拟机将会是充满挑战的。不论虚拟机在虚拟环境中的位置，入侵检测和防御系统都需要能够在虚拟机水平检测恶意活动。多台虚拟机共存增加了虚拟机对虚拟机的危害的攻击面和风险。

（3）本地化的虚拟机和物理服务器使用相同的操作系统，以及企业和云服务器环境的Web应用程序，这增加了攻击者或恶意软件利用这些系统和应用程序中的漏洞进行远程威胁的机会。当它们在私有云和公有云之间移动时，虚拟机很容易受到攻击。一个完全或部分共享的云环境有更大的攻击面，因此可以认为专用的资源环境有更大的风险。

（4）操作系统和应用程序文件在一个虚拟化云环境中共享的物理基础设施上，并要求系统、文件和活动监测提供给企业客户有信心和可审计的证据，证明他们的资源没有被泄露或篡改。在云计算环境中，企业订购云计算资源，打补丁的责任在用户，而不在云计算提供商。对于补丁维护，保持警惕是必要的。在这方面缺乏应有的努力可能使任务迅速变得不可管理或不可能完成，留给用户的是"虚拟补丁"。

10.1.3　云模式开发应用对云安全的挑战

云模式开发应用对云安全的挑战主要表现在以下几个方面：

（1）使用云模式，意味着需要较少的软件开发。如果用户计划在云中使用内部开发的代码，这会涉及多种代码的组合和兼容问题，而混合技术的不成熟使用将不可避免地导致在这些应用程序中引入不为人知的安全漏洞。

（2）随着越来越多的任务关键过程被迁移到云端，云计算的提供商不得不以实时的、直接的方式为他们的管理员以及用户提供日志。这些日志涉及很多的用户隐私，由于提供商的日志是内部的，它不一定能被外部或由用户调查访问。如何确保这些日志不被滥用和如何规范监控云是个难题。

（3）云应用不断地增加功能，用户必须跟上应用的改进，以确保它们得到保护。在云中应用改变的速度会影响 SLDC（安全软件开发生命周期）和安全。例如，微软的 SLDC 假定任务关键软件有 3～5 年的周期，在此期间它将不会发生重大变化，但云可能需要应用程序每隔几周就发生变化。更糟的是，一个安全的 SLDC 将无法提供一个安全周期，跟上如此快的变化速度。这意味着用户必须不断升级，因为旧版本可能无法正常运行或保护数据。

10.1.4　云计算的标准和可靠性

1. 云计算的标准

目前还没有与云计算相关的接口和处理标准，也没有服务器灾难恢复标准和数据输入/输出标准，这极大地限制了人们在不同的共享模式或类型中使用数据和应用程序。如果一个用户对现在所使用的某一云资源共享服务不够满意，或者，该提供商撤出了资源共享领域，那么用户如何能快速有效地把自己的服务转移到另一个提供商的服务中呢？

随着移动通信和越来越多的提供商进入云计算，资源和服务的可移植性和互操作性显得越来越重要。这要求有相关的工作小组，力求创建一些标准，或为与系统和网络相关的问题寻求一些共同遵从的解决方案。例如，OCC（Open Cloud Consortium）和 DMTF（Distributed Management Task Force）就是与云计算相关的工作小组。OCC 努力为云计算的开发提供标准，并为在不同云间进行互操作开发合适的框架。OCC 有许多不同的工作组，有的致力于云计算标准和互操作，关注互操作的开发标准以提供按需计算能力，有的致力于广泛的云计算和网络协议对云计算的影响，有的致力于信息资源的共享和安全，因而关注在不同共享模式中信息的标准和基于标准的架构，同时也关注云安全标准。如果有了这样的标准，应用程序和数据就可以从一个提供商转移到另一个提供商，还可以使客户在不同云中的操作实现协同工作。DMTF 正在努力建立 IT 互操作管理标准。DMTF 始于VMAN（Virtualization Management Initiative），可为虚拟计算环境提供广泛的互操作和可移植标准，从而解放虚拟化技术。目前，DMTF 已有了一些进展，如开发了 OVF 格式（Open Virtualization Format），为封装和分配一个或多个虚拟机描述了一个开放、安全、可移植的格式，简化了互操作、安全和虚拟机的生命周期管理。

此外，还有一些为应用程序开发者提供的标准，以保证统一的、连续的、高质量的软件开发，如浏览器、数据、接口、消息传递等标准。John Rittinghouse 和 James Ransome在 Cloud Computing Implementation，Management，and Security 书中列举了一系列云计算的普通标准，如应用程序开发者的标准（浏览器标准 Ajax、数据标准 XML 或 JSON）、消息传递标准（SMTP、POP、IMAP 等）和安全标准（OpenID 或 SSL/TLS）等。

2. 云计算的可靠性

云计算的可靠性在技术领域备受争议。Amazon 的 EC2 和 S3 近几年多次遭受服务中断的困扰；Google 的 App Engine、微软的 Azure 和 Salesforce.com 等都出现过不同程度的故障，从而被迫中断服务。

随着服务问题的相继出现，人们对云资源和服务的性能、可靠性和可用性等的担忧也越来越多。可靠性直接关系到用户使用资源和服务的情况及 SLA 服务质量的情况。因此，提供商必须针对系统的漏洞和脆弱性，对系统进行脆弱性评估，以更有效地开发缓解程序，如补丁程序和系统更新程序等，通过设定降低脆弱性和快速缓解等目标来衡量缓解风险的效率。脆弱性管理应与发现管理、补丁管理和更新管理整合在一起，以便在被攻击前就能将其修补完善。对性能方面的问题可将结构和操作系统改善为有效的虚拟中断服务和I/O 频道，也可以使用闪存（是一个半导体内存，当中断服务时还可以像硬盘一样提供信息）来降低 I/O 中断服务的次数。

对用户来说，可以通过同时使用多个提供商的服务来降低因某提供商的服务不可靠给自己带来的影响。

10.2　云计算在经济层面面临的挑战

伴随云计算技术的出现，经济学上也出现了云计算经济学（Cloud Computing Economics）或云经济学（Cloud Economics）的说法。这是一种新的节能方案，并且使用了基于效用理论的价格模型，按需提供服务，即用即付费，使其有别于传统主机式的经济学。首先是对某服务的需求动态变化，即随时间而变化。例如，一个数据中心能满足高峰负荷期的利用，就必然导致其他时间（非高峰期）对数据中心的利用不足。而且在云服务中，允许计算资源按小时计费，是期望能在一定程度上为用户节约成本。但是，租用提供商计算机每小时的费用的确是比较少，但长期租用的总成本也许会高于自己拥有一台计算机的费用。其次是需求很难提前获知。提供一个应用程序，需要有能力支持高峰需求，但是很难确定高峰需求的时间。最后是用户很容易进入"成本联想"，而忽视了性能情况。比如，用户会联想，使用 1000 台 EC2 计算机 1 个小时的费用应与使用一台计算机 1000 小时的费用相一致。

总的来说，经济学的核心主题（成本与收益、服务质量）在云经济学中也有了新的发展。

10.2.1　成本与收益

云经济学中的成本与收益包括两个方面的内容：提供商的成本与收益和用户的成本与收益。

1. 提供商的成本与收益

提供商在提供服务之前需要投入大量资金集中在基础设施上，如购买计算机设备、通信设备、网络设备等基础设施的费用，构建大规模的设备库、房产等固定资产费用，大量的硬件、软件、安全专家等人力资源费用。当然，有些提供商也可以在原有的基础设施的基础上构建云资源共享平台，减少相应的基础设施的投资。但是构建和维护云资源共享平台一般都需要最新的设备和技术，投资的规模大，风险也大。因此，提供商不仅要投资在基础设施上，为降低风险还要花费大量资金在管理上，比如对自己的投资进行风险评估和风险管理，以及采取相应措施对这些物理设备资源和数据进行管理等。

提供商的投资回报是通过用户即用资源即付费的形式实现的。从长期、多任务、成千上万的用户角度来考虑，其投资的回报是相当可观的。而且，提供商将成本分摊在不同的用户群落上，没有专注于某类特别的用户，可以降低投资回收的风险。

2. 用户的成本与收益

用户在云环境中使用云资源和服务，最大的益处就是节约大量资金，既减少前期一次性投资基础设施的大量资金，又免去了长期基础设施的管理和维护成本，降低了使用资源和服务的成本（对中小型企业来说，降低了进入市场的障碍；对个体用户来说，减少了一次性投资的费用）。这样，用户一方面可以利用节约出来的这些资金重新规划企业的发展，另一方面又降低了投资风险，减少了投资的损失。

实际上，云共享减少成本是建立在用户失去了对资源的控制权的基础上的，用户虽然节约了一次性的投入成本，但是同时也不得不放弃本地操作和控制资源的便利。而且，从长期来讲，使用云资源也许并非能真正地节约成本。例如，某用户每天使用 5 个云资源不同的计算实例（0.1 美元/时）各 8 小时，那么一天需支付费用为 $0.1×5×8＝4$ 美元，每年支付 $4×30×12＝1440$ 美元，长期下来，也要支付不小的成本。如果购买一台计算机可以使用 5 年，所需的费用加上维护费为 2000 美元。相对来说，也许使用云资源的花费更高。但云资源有着减少一次性投资成本的相对优势，这点吸引着人们自愿放弃对资源的控制权，甚至愿意长期支付更高的成本。因此，对用户来说，通过权衡成本和利益，将会决定是否把资源和服务转移到云计算中。

10.2.2　服务质量

提供商构建健壮的云计算平台，提供的服务具有高可靠性、可扩展性，自动支持异地随时按需提供存取服务。提供商要满足不同用户的需求，需要考虑不同等级的质量要求，并把这些等级和要求详细地记录在 SLA（服务等级协议）中。提供商根据 SLA 向用户提供相应的服务以确保服务质量（QoS），用户通过 SLA 衡量所获得的服务 QoS 是否与 SLA 中规定的相一致。因此，QoS 是提供商为用户提供的服务与两者间协定的一致性程度，是服务请求的重要参数，可以作为用户和提供商之间目标值与测量值的参数体现，包括服务时间（如 24/7）、性能（如 CPU、内存、响应时间、虚拟硬盘的大小等）、可靠性、信誉度、安全性和费用等。

QoS 可以作为提供商提供服务的依据，也可以作为用户对服务的满意度、提供商服务水平的一种度量和评价。用户支付了费用才能访问云资源共享服务，他们评价 QoS 也有自己的标准，如服务的期限、结果的逼真度、应用程序的响应时间等。如果提供商所提供的服务达不到 QoS 的规定，用户可以向提供商提出质疑并索取赔偿。

此外，云共享的目标是满足用户随时可访问资源和服务的需求，按需提供服务。但对用户来说，这并不是一件随意的事情。用户访问云资源会受到一定因素的制约，如必须支付的费用与有限的预算。与网络上大部分资源都是免费共享的模式不同，云资源共享模式中，大部分资源和服务必须即时支付费用才能获得访问权利。用户只能根据自己的实际情况按需请求服务。用户如果高估了自己的需求，向提供商请求了服务，又未充分利用，会白白浪费金钱；如果低估了自己的需求，虽支付费用减少了，但却无法满足自己的客观需求。因此，云资源共享对人们清晰地认清自己的需求提出了更高的要求。

10.3　云计算在政策法规层面面临的挑战

云计算模式改变了企业与个体使用资源和服务的方式，政策法规要跟上技术发展的步伐，做出相应的调整以适应环境的变化。国家为云计算提出一整套须遵循的规定，可以政府威信，引导和提高人们的安全意识，制约和规范人们的行为，确保数据标准的实施和数据安全，为在全国乃至全球范围内能有效实现云资源共享提供保障。

云共享和云服务是无边界、国界之分的。提供商提供面向多个国家的、全球的资源共享服务，用户有时在使用资源和服务的时候，甚至不知道其提供商是哪个国家的，集中的数据中心的具体位置在哪里。这无疑给国家制定相应的政策法规增加了难度。一个国家或地方的政策法规只能适用于该国家或地区,对其他国家或地区的提供商和用户就很难起到制约和规范行为的作用。

目前,各国政府正在努力地寻求明确的、详细的、统一的云资源共享法律环境。如美国和欧盟联合颁布了关于使用数据的安全隐私条例(Safe Harbor Principles),对美国国内使用其他国家数据(特别是欧盟)的企业提出了 7 点要求:

(1) 将收集和使用的信息及目的告知个人;

(2) 给予个人选择个人信息能否透露给第三方的权利;

(3) 个人信息转移给第三方后,确保第三方也提供相同等级的隐私保护措施;

(4) 允许个人访问并能修改个人信息;

(5) 采取合理的安全措施保护收集到的数据不会丢失、损坏或被公开;

(6) 采取合理的措施确保收集到的数据的完整性;

(7) 制定充分可行的执行机制。

此外,美国联邦贸易委员会(Federal Trade Commission,FTC)为用户和企业开设了关于个人信息隐私的重要性的课程,并发表了题为"保护个人信息的业务指南"(Protecting Personal Information:A Guide for Business),引导人们如何收集、使用和保护顾客/个人信息,提出不管是在虚拟化环境,还是在云资源共享环境,或静态的环境中,都可以依据收集、通告、选择和同意、使用、安全、访问、保存和处理等 8 个基本方法来保护数据隐私。

Rober Gellman 在题为"云隐私:云计算中隐私和机密的风险"(Privacy in the Clouds:Risks to Privacy and Confidentiality from Cloud Computing)的报告中提出了以下 5 个关于未来云计算环境中政策和机密的观点:

(1) 隐私和机密的风险意识要加强,包括政策要合理,提供商要勇于实践,用户要提高警惕,相关法律要完善;

(2) 建立云计算产业标准,以帮助用户分析提供商间的不同之处,评估即将面临的风险;

(3) 用户要更注意选择提供商的重要性,特别是提供商的服务方式;

(4) 如果风险不能单纯用政策和实践的方式解决,必要时可辅以法律手段;

(5) 如果用户能以更公平、更标准、更合理的法律保护等方式从风险的透明度高和云计算重要的环境中获得好处,那么云计算产业也会收获利益。

政策法规不仅从宏观层次上辅助技术和经济方法解决目前云计算环境所面临的问题,还能从长远的角度引导和推动整个云计算产业的发展。因此,必须加快步伐改革和完善政策法规,重视政策法规建设,促进全球范围内的资源共享与安全隐私保护的统一,使统一的云资源市场充满活力。

10.4　企业应用云计算面临的挑战

企业对云计算从最早的不了解或排斥,到开始研究、规划自己的企业云,对于云的态度,不同领域有不同的状况。中国的传统制造业与众多领域将 IT 作为核心竞争力不同,制造业中 IT 依然作为促进手段。而对于 IT,制造业更希望可以相应地进行非关键业务的外包，以减少各种人力的开支。成熟的、安全的云计算会是众多制造业用户所期待的。

调查发现，中国企业在应用云计算上存在着众多的或思想、或技术、或产业的各个层面的挑战：

（1）企业经济效益不明显和缺乏行业指导。目前，各 IT 厂商积极宣传各自的云计算理念，以及相关产品和解决方案。而对于企业云而言，尤其是钟情于私有云时，却很难从这些宣传中直接看到企业的经济效益。每个领域对云计算会有不同的需求，侧重点会有所不同。行业云是个方向，而目前云计算的相关产品和解决方案却缺少行业性的案例。

（2）标准化前景不明朗和缺乏相应责任机制。一个完美的云不可能由一家企业来完成，而众多企业之间实现标准化，降低后期部署升级的复杂度，也是企业用户目前期望看到的。而对于之前所提到的安全问题，更多的用户认为这永远是个伪命题。但是用户最担心的是，出现问题如何划分责任。关于云计算服务的规定，相关合同中也缺乏各种说明。

（3）用户缺乏统一认识。企业级云计算，有的用户会认为是大行业的特长，或是大企业的目标。目前中国的很多用户对于云计算也没有统一的认识，有的仅仅将其停留于一种技术革新，而非战略的调整。

（4）制约于大而全的云。在考虑云计算时，很多用户会认为只有大而全的云才是云计算。其实，应用才是最终目的，企业只需要运用云的思想和关键技术促进企业的业务发展，而无需满足云的所有特征。

10.5　小　结

在云计算技术的推动下，云共享及其服务实现了资源在广度上无地域界限的买方卖方相互共享，深度上从软件资源到基础设施资源等一切资源的共享，极大地促进了环境的可持续发展。本章从信息资源的视角分析了云计算现阶段所面临的问题，从安全层面、经济层面和政策法规层面及企业方面研究了相应的对策，以确保云计算的顺利开展。其中，政策法规在技术的安全、标准统一和服务质量保证等方面起了非常重要的作用。及时制定相应的政策法规，有利于为云资源共享的发展提供一个良好的协作环境。

习　题　10

10-1　哪些因素构成了云计算发展的障碍或瓶颈？

10-2　如何在安全层面、经济层面和政策层面为云计算提供保证？

10-3　如何可靠、高效、快速、经济地发展云计算？

参 考 文 献

[1] 张亚东. 浅谈云计算发展现状与趋势[J]. 科技向导, 2011(12):76-77.

[2] 张吉生. 云计算技术在电力系统中的应用[J]. 现代建筑电气, 2011(4):8-11.

[3] 王柏, 等. 云计算[J]. 中兴通讯技术, 2010(1):57-60.

[4] 罗军舟, 等. 云计算：体系架构与关键技术[J]. 通信学报, 2011(7):7-21.

[5] 陈全, 等. 云计算及其关键技术[J]. 计算机应用, 2009(9):63-67.

[6] 刘宇芳. 云计算及其实质的探究[J]. 惠州学院学报, 2010(6):49-52.

[7] 王振中, 等. 云计算及其应用[J]. 现代电视技术, 2010(12):30-35.

[8] 王鹏. 云计算技术及产业分析[J]. 成都信息工程学院学报, 2010(6):566-568.

[9] 李亚琼, 等. 一种面向虚拟化云计算平台的内存优化技术[J]. 计算机学报, 2011 (4):685-693.

[10] 李伯虎, 等. 云制造——面向服务的网络化制造新模式[J]. 计算机集成制造系统, 2010(1):2-7.

[11] 黎春兰, 等. 信息资源视角下云计算面临的挑战[J]. 图书与情报, 2011(3):17-22.

[12] 钱文静, 邓仲华. 云计算与信息资源共享管理[J]. 图书与情报, 2009(4):47-51.

[13] 钱伟彬, 等. 云计算终端的现状和发展趋势[J]. 电信科学, 2010, 26(3):22-25.

[14] 吴清烈, 郭昱, 武忠. 云计算服务与大规模定制模式应用[J]. 电信科学, 2010(9):74-77.

[15] 冯登国, 张敏, 等. 云计算安全研究[J]. 软件学报, 2011, 22(1):71-83.

[16] 刘红明. 云计算及其安全浅析[J]. 科技信息, 2010, 29(1):505-506.

[17] 陈丹伟, 黄秀丽, 任勋益. 云计算及其安全分析[J]. 计算机技术与发展, 2010, 20 (2):99-102.

[18] 李振汕. 云安全面临的挑战及其解决策略[J]. 网络安全技术应用, 2012(2):54-56.

[19] 黎春兰, 等. 信息资源视角下云计算面临的挑战[J]. 图书与情报, 2011(3):17-22.

[20] 唐箭. 云计算数据库研究及其在远程教学中的应用[J]. 赤峰学院学报, 2009, 25 (11):35-36.

[21] 程莹, 张云勇, 等. 云计算时代的数据库研究[J]. 电信技术, 2011(1):27-28.

[22] 高明贺, 申朝红, 等. 基于云计算服务的数据库安全与发展研究[J]. 硅谷, 2012 (8):145-146.

[23] 谢红. 基于"云计算"的数据库分析[J]. 科技创新导报, 2011(14):25-26.

[24] 张猛. 云计算与数据中心自动化[M]. 北京：人民邮电出版社, 2012.